U0102027

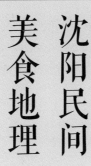

沈阳民间美食地理

笠无谓　徐向南　述怀　著

城市印记系列丛书

北方联合出版传媒（集团）股份有限公司

春风文艺出版社

·沈阳·

图书在版编目（CIP）数据

沈阳民间美食地理 / 笠无谓，徐向南，述怀著. ——
沈阳：春风文艺出版社，2022.12
（城市印记系列丛书）
ISBN 978 - 7 - 5313 - 6379 - 8

Ⅰ. ①沈… Ⅱ. ①笠… ②徐… ③述… Ⅲ. ①饮食 —
文化 — 沈阳 Ⅳ. ①TS971.202.311

中国国家版本馆CIP数据核字（2023）第000039号

北方联合出版传媒（集团）股份有限公司
春风文艺出版社出版发行
沈阳市和平区十一纬路25号　邮编：110003
辽宁新华印务有限公司印刷

责任编辑：仪德明　　　　　　　助理编辑：余　丹
责任校对：陈　杰　　　　　　　封面设计：黄　宇
幅面尺寸：130mm × 203mm　　　字　　数：240千字
印　　张：10　　　　　　　　　插　　页：8
版　　次：2022年12月第1版　　印　　次：2022年12月第1次
书　　号：ISBN 978-7-5313-6379-8　定　　价：88.00元

编 委 会

序

刘克斌

光阴越千年不息，文脉的传承让城市得以延续。

沈阳，一座东北重镇与核心城市，以美食美味勾勒出这座城市的样貌、气息、风情，为这座城市画像立传。在这个"互联网"时代，美食不仅是城市的密钥与封面，更是城市的肌理与灵魂。

与此同时，以美食文字描摹记录城市的味觉、渊源和烟火气，探索文旅融合的新途径，以文促旅，以旅彰文，让游客通过书籍了解沈阳的美食，感受城市的历史底蕴和时尚元素、文化韵味与人间烟火气息，进而让各地的人们有意愿来沈阳旅游，是出版这本书的初心所在。

一方山水，一方风味。相对于粤菜的讲究、苏菜的精致、鲁菜的香醇、闽菜的鲜美、川菜的麻辣、徽菜的醇厚、浙菜的清淡、湘菜的香辣，辽菜以其独树一帜的风味成为地方菜的代表菜系，香浓可口，回味无穷。

沈阳饮食文化有极为丰厚的老底子，也有不断融合带来的创新。从满汉全席的孕育之地，到宫廷菜，再到八大菜系的延展、新辽菜的兴起，从饺子文化起源地到风靡全国的鸡架烧烤，东北菜已在全国遍地开花，其中沈阳的美食风味一直占有举足轻重的地位，同时也是彰显沈城人民幸福感的重要形式与浸没体验之一。

如今的辽菜已不再是简单粗糙的代名词，经过多年的发展改进，渐渐呈现出精致的颜值和营养价值。当金廊沿线、云端上的奢华星级酒店，当鹿鸣春、马家烧麦（卖）、李连贵熏肉大饼等诸多老字号，与遍布城区的十二个美食街区的大餐小吃交相辉映之时，沈阳人眼里的硬菜与老字号都可以用不胜枚举、数不胜数来归纳概括，只是此时，寻常巷陌的烟火味道已经浸润了这座城市的肌肤。

本书以民间美食者的视角，遴选沈阳饮食文化中的"亮点"，将城市的前世今生、人文内涵与美食融汇在一起，挖掘食物的故事。以时尚、现代的视角，写意地展现沈阳这座城市的美食及民俗发源，呈现这座城市美食与技法的人文传承。

至此，我们深知，这不仅呈现食物的色香味，还要涉及食物的内在气质。它不仅是物质的，更是精神的；不仅是品尝，更是身心的抚慰；不仅是味觉，更是乡愁。食物的美充满人的一生，也是一座城市的品位所在。它不仅在辉煌的大饭店，也在随处可见的街头巷尾。他们笔下的美食，会让久居在这片土地上的人们唤起味觉的独家记忆，进而回忆起某些与吃相关的温暖片段；会让来旅游的短暂过客快速地认知这座城市的美食地理，然后去体验每一道菜的风味气韵。让全国乃至全世界的陌生人以一种更便捷和生动的方式，找到大大小小、随处可见的小馆小吃。烟熏火燎的气息，氤氲着一个更具人情味和生活气息的沈阳，也是一个接着地气、够得着摸得到的更入味的沈阳。

一个城市的文化根本在于这座城里的人们，而最能挑动人们味蕾的便是这里的美食。作者走遍沈阳的大街小巷，遍访大饭店与街边小店，捕捉那些味觉里的独特感受，品尝那些散落在记忆里的百般味道，用散文式的笔法，探访美食，溯源民俗历史文化内涵，展现沈城独特味道背后的厚重。用"吃与品、吃与享"这种大众更愿意接受的方式，带动文旅相关产业发展，打造沈阳美食地理标识。

鼎味调和，烟火拾味。他们作为民间美食的爱好者而并非专业人士，延续着对城市味道的守望与挚爱。行走巷陌，漫游酒店小馆，挂一漏万，只为开启对城市味道寻踪觅迹与对饮食文化的品位和提纯、探寻和记叙，也是为了更契合普通人的大众视角和味觉体验。感谢这座城市所有的味道制造者，感谢这座城市千百年来的历史孕育和文化承袭，感谢这些沉浸其中传达出万千美味的作者，让所有热爱美食的人得以实现这个朴素的心愿。

世间万般风物，唯美食不可辜负。

是为记！

2022 年 11 月 6 日

目　录

沈阳：烟火识味

城以风物传世，市以人和历史闻名。

烟火城阙，沈阳一地，历史悠久，繁华承载。

其中，繁衍变迁的是世态习俗和朝代的更迭；其中，所有的味蕾和回望，都会让乡愁在舌尖上停留，体味着眷恋和怀想，深入骨髓。

城启古今，味源八方。

以字词蔓延纸上，叙述城阙市井味道的渊源和风物，就会发现无数令人慨叹之事、之物，值得书之、记之。而成系列之图书，意在俗雅之间取舍，入市井百姓之目，入烟火日常之味，入念兹在兹之境。

一城一地，一方水土。一方水土，传承一方风味。

味道是一个被诠释和解读的词语。在沈阳，一方水土之上是不变的食材和变化的食客，是千百年来不断进阶的千种烹饪手法和万般滋味。味道也是一个被细细体会与玩味的词语，它与人的视觉、味觉，血液的浓度，甚至植物的汁液都密切相关。它是历史也是现实，是个体感受也是普遍经验，是舌尖风云也是城市肌理。

新乐的太阳鸟和后山石器的碎片，共同烘托起历史厚重的背景。我们的先人，从茹毛饮血到火烤食物，经过了漫长的时间累积和味道变迁，一直延续到四百八十多年前的四平街——天下第一商街盛大开街。那里商铺云集、滋味浸润，丝丝缕缕的烟火气息深入每个人的肌肤与内里。

正是这座城市辉煌的昨天，让我们隔着历史的云烟，向沉淀在时间深处的味道表达敬意。那是天上的飞禽、地上的走兽，是马背上的追逐、田野上的耕种，共同形成的饮食记忆。这里更是孕育了一个朝代的地方，在两代帝王的都城里，融合形成了饮食传统。从民间到宫廷，再从宫廷回到民间，在去粗取精或重回粗粮时代，我们所经历的正是一个从繁华回归极简的历程。

支撑起这一座城市历史的，是人文和文脉的传承，自然，也有贯通古今的厨艺和舌尖上的味蕾。同样的食材，在不同的年代、不同人的手里，便有了不同的色香味，这不仅是手艺的差异，更是火候、搭配、情感的融合。

嗯，这是家的味道，这是母亲的味道，这是生命的味道，它漫过一个一个历史上出现过的地名和人名。

西门脸儿、南市场、北市场和西北市场、石头市、八卦街、小河沿、奉天第一商场兴游园……无数个地名，衔接起城市味道的地理标签。穿过这些老街巷，仿佛漫步在时光长廊，扑面而来的首先就是那些熟悉而又陌生的味道。烟火起处，我们会用嗅觉来识别哪一种是旧时味道，哪一种留有家的气息，哪一种又唤起了儿时的记忆。

值得我们用文字逐一地描摹叙述着城市味道碎片的，是这些地名，和与地名有关的记忆。它有的深，有的浅，就留存在最柔软的地方，一经呼唤，便如泉水般汩汩而出，不掺一丝杂质，却能让我们甘于俯下身来，找寻这些零散的回忆，与我们的味觉相混合，触动内心最脆弱的那根弦，不觉之间已是泪湿……

我们不是考古学家，也不是烹饪专业人士、我们只是民间美食的寻踪觅迹人。我们用眼睛，用舌尖，用我们热爱的油盐酱醋和各类菜蔬，以我们始终热爱烹饪匠心的情怀，贴近城市味道的呼吸节奏，赏味和记录、体验与玩味这座城市的美食源流和现实触碰着的烟火画卷。

沈阳味道，盛装在碗碟之中是珍馐，落在纸上，是回味悠长的眷恋和乡愁。这种感觉，是无声的表达和含蓄的记忆，是基因，是怀想，是致意和深深地接纳。以至于，我们说起故乡和家园，说起喋喋不休念念不忘的一座城市或一座村庄，最先触动心灵深处的异样感受，一定是来自某个场景和吃食的味道。

一、回味·初之甘饴

沈阳的味道，渊源厚重，倘若从天下第一商街开始，盐市、铁马市、铜行周围的小吃美食老饭馆，都已经随着历史的变迁消失远去。到了清代，从罕王宫、努尔哈赤到皇太极的凤凰楼，宫廷烹饪手法和食材香料的用法，虽然并没有明文描写和叙述，不过，从后来宫廷留下来的文献《黑图档》中对康熙皇帝三次东巡的文字记载，即可管窥一斑。让我们在无声穿越中，详尽地了解到，当时内务府征调皇庄所需的杂粮，以及人们为宫廷中人制作食物的情形。

现在看来，这一类食材是制作黏食和甜食的主要原料，满族的文化中把这类食物统称为饽饽，并由京师专门带来的

"饽饽厨子"御制。饽饽色泽金黄，味道独特，口味各异，有黏面饽饽、笨面饽饽、菜馅儿饽饽，可以蒸、烙，也可以煮、烤，后来在日常饮食中也成为重要品类，并在婚丧礼俗、祭祀祖先和敬神中也经常使用。据考，清朝皇帝的日常主食基本上以饽饽为主，慈禧太后最喜欢吃的玉米面小窝头，也叫黄金塔，后来在民间盛极一时。饽饽的产生与满族的民族特点相关。满族最早是渔猎民族，长期在外打猎或征战，需要既抗饿又方便携带的食物，所以干而硬的饽饽应运而生。

黏面饽饽包括黏豆包、黄面饼子、苏叶饽饽、水团子、打糕、切糕、豆面卷子（即驴打滚）；笨面饽饽有小米面馒头、撒糕、发糕、锅出溜儿；菜馅儿饽饽有饺子、菜团子、本息盐饼、山韭菜馅儿黏饼；等等。种类繁多，包罗万象。

蜜饯、萨其马等与蜂蜜是非常密切的食物，也是后世流传影响极为广泛的食物。皇宫里的"蜜仓"和"蒸蜜房"也间接地证实了这一个说法。而宫廷档案中，打牲乌拉总管衙门，"派'蜜丁'五百五十名，要求每个'蜜丁'每个人缴纳生蜜七斤九两二钱四厘"，更是为宫廷曾经制作过甜品食物提供了佐证。

除了蜜仓之外，沈阳故宫中尚有十座肉楼。猪肉炒各种时蔬当时皆为皇家嗜好。逢上年节，祭祀天地后，食猪肉、猪皮，"吃福肉"也是一项极为隆重的仪式。

仔细研究史书，不难发现，食物的地域性和历史息息相关。

后金时期，受限于食物的匮乏，宫廷中女真族一般会承袭旧俗，把到汗王大衙门上朝的大臣，都当作自己家里的客人，以好酒、好肉予以款待。

天命六年（1621年）初冬，辽阳城。

彼时，努尔哈赤经常在大衙门召见诸贝勒、大臣。间或会向众人问候："向有群臣每晨服华丽衣冠，上汗衙门或诸贝勒衙门后，煮肉温酒，以赐饮茶汤之礼。"为了表达他对众人的情谊，"着都堂、总兵官以下，游击、参将以上，赴各贝勒衙门当班，并照旧例摆筵。"他的意思是，辽东为富庶之地，每晨君臣共食之礼不可废。

相较于这个时期还有些粗糙原始的礼制来说，后来迁都沈阳，礼仪和食物烹制更为讲究些。我猜测，在十王亭和大政殿之前，或许会大排筵宴，简单的烹饪工具和就餐环境，似乎就是最早的罕王宴的形式了。

满族的宫廷年节必备的"煮饽饽"，也就是除夕夜的饺子，有着团圆美满的寓意。食材变化万千，最后的样子，虽然跟当年有了不小的差别，可是，万变不离其宗的是基础的食材基因。

譬如：猪肉、牛奶、甜品、蜜饯。

沈阳早期的这些味道基因，在顺治迁都后，于京城不断地融入各地饮食流派中，并且经过衍生发酵，为后期中外闻名的满汉全席的问世，打下了坚实的基础。

我们现在查阅包括康熙等诸多清代帝王的东巡文献旧档，不难发现，食材和烹饪之法，在不少文献史书中留下浓重的一笔。

从满文老档等资料中，研究者发现，满族的饮食习惯，对地域饮食的影响是通过食品和口味承袭下来的：

金丝糕	萨其马
发糕	酸汤子
打糕	凉糕
淋浆糕	撒糕
太阳糕	盆糕
春饼	菠萝叶饽饽
苏子叶饽饽	豆面饽饽（馓子）
椴叶饽饽	

以上这些，都与满族的饮食习俗密不可分。

除了本民族的饮食习惯外，满族粮食类食物在形成过程中，吸收了许多汉族的传统食品如饺子、中秋月饼、面食中的白面馒头、冬季时令的腊八粥等的元素。即使如此，满族也对这些引入的食品加以改造，增加了本民族的特性，使之成为具有满族特点的民族食品。

饺子，满族称"艾吉格饽"。原为北方汉族的食品，传入满族后，成为满族节庆日的重要食物。每年春节之前，满族人家都会包出大量艾吉格饽，放在户外冻上，随吃随煮，正月初一、初五及十四至十六日、二十五"龙凤日"均要吃艾吉格饽。平时若有贵客来家，也常包艾吉格饽。这也是饺子文化溯源与沈阳关联的佐证。

二、回味·又近又远

到了民国，沈阳城内西门脸儿，南、北、西北市场，小河沿万泉河周边，商业开埠，各类餐饮店铺兴起，更是呈现出一派繁忙热闹的景象，相继有"三春、六楼、七十二饭店"之说。"三春"指的是"明湖春、鹿鸣春、洞庭春"；"六楼"指的是"万兴楼、饮和楼、德馨楼、福山楼、商埠楼、东兴楼"；至于"七十二饭店"，则是做虚数，指的是饭店饭馆子众多的意思。

沈阳现存一百年以上的老字号饭店五十多家，它们大多始建于清末或民国这个时期。据史料记载，1936年登记注册的餐馆、饭店就达六百余家。

相比较这些大饭庄、大饭店，我更钟情于那些隐藏在市井胡同儿里的小馆子。这样的馆子一般称作苍蝇馆子，在我，则将其看作是"宝藏小神店儿"。

我曾经向著名的美食大家汪曾祺先生请教过"吃小馆儿"的意义，亦写过不同的小馆子，要知道，一座城市的本来面貌，更多的时候，就藏在这些看似不经意的小馆子中。

烟火识味，识别的是生活的底色，识别的是有烟火气的沈阳历史，识别的是过往现实中平凡生活的细节。

回溯和追忆，总是令人感慨万千，从以往的史料和亲历者的口述回忆留下的资料看，在当时，沈阳的这类"宝藏小馆子"北市场不挂幌的大饭庄有五家：公乐饭店、于家馆、泰丰楼、春发祥、松竹梅。这几家在当时的公众眼中，被视为店面干净，明亮宽敞，有派头。所以如果在这里宴请宾朋，那是件极有面子的事情。

彼时，各家店里的镇店菜品，也是各有特色。

于家馆的鱼，春发祥的肚儿，公乐饭店的扒海参，老边饺子的煸馅儿饺子，普云楼的八锅酱肉、酱肉大饼，三盛轩的坛肉，三和盛的包子，顺发园的锅烙，常家馆的烧卖，太白春润圈居的陈绍清酒……这些经过岁月洗礼而慢慢建立起来的口碑，让那时的沈阳活色生香，它浸润着沈阳人的日常生活，挑动着人们的味蕾，无疑那也是乡愁的味道。如今，这些盛极一时的老店大多消失在历史的云烟之中，那些曾经的滋味只能通过文字若隐若现，成为一种追思与怀想……

西门脸儿，是现今大西门到太清宫一带。这里曾建立了沈阳第一商场"兴游园"，京剧大师袁金凯题写的"兴盛园"招牌更添魅力。小吃部都是回民著名的风味食品，于家馆的馅儿饼、清炖牛肉，白家的抻面，冯家的五花糕，林家的包子，还有早就被市井烟火淹没了的小吃杂项，譬如，麻酱烧饼、豆腐脑牛肉卤、刘切糕的切糕、王片粉的片粉，繁杂多类，美味可口，经济实惠。

后人回忆时都会提及这类小店，几张桌，一个幌子，讲的不是排场，不是门面，而是实实在在的滋味，那种贴心贴肺的舒服感，深受大众喜爱。为众人推崇的店家，属实颇多，只是名字早已淹没在浩瀚的时间长河中，没有留下小店和经营者的名字。

不过，倒是总结出了一番经验，那就是，这类店家做生意的宗旨无他，也没啥秘诀可言，讲究的是和气生财，以味为尊，要的就是口口相传的口碑，是回头客。

那时，买卖人的生意经讲究的是，"死店活人开，一个去百个来"。两条腿的广告最灵，一张嘴的褒奖最有效，店家靠的是薄利、实惠、菜品好、待客殷勤。店的规模都不算大，在街角、在路边，每家店都各有特色，每簇烟火都带着自己的味道，撩拨着跑来跑去的孩子直流口水，南来北往的过客深深地吸几口香气。

以有名的于家馆为例。

大掌柜掌勺、二掌柜面案、"过卖"腿快嘴勤，待客懂人情世故，明白规矩，通晓市面上的行情。馅饼是烫面的，皮薄馅儿大，里面没有那些咀嚼不动的筋皮骨头渣，无论老少，都是一个对待，生意做得规矩。烙饼两面刷香油，讲究的是现吃现烙，火候正好，无论老人小孩，都能嚼得动。新鲜的食材，再佐以上好的烹饪手法，煎炒烹炸。一些菜流传到现在便成了传说：熘排叉、扒胸口、清汤炖牛肉。

毫不夸张地说，沈阳城当年像这样的馆子，不胜枚举，不是一家两家。于家馆之外还有张、王、李、赵等，诸多小馆子，就在一抬眼一拐弯的地方，与你迎面相遇，也不论挂没挂幌子，门脸儿是不是太小，都用那四溢的香气勾着你的魂儿，让你不由自主地走进去，吃饱了喝足了，那眼神变得迷离起来，那脚步也变得飘忽起来，要的就是那个"得劲儿"。老百姓的嘴，就是衡量美食的一杆秤。

而品鉴品尝，在当年，则被叫作解馋吃食，尝吃货。

一直到今天，这座城市的餐饮业，还流传着当年老一辈人开店铺悟出来的真谛，开饭馆儿讲究的就是一句话："舍得给主道吃，煞狠是坑自己。"

正是因为有了这些遍布沈阳城的大小吃食，名店小馆儿，和那些贪恋着这味道的"吃货"，追着那沈阳的味道一代代地延续，这味道才得以绵延生长，不绝于市井和人间锅气中。

烟火人间，最抚慰的是城阙民众之心。

翻看查阅老年间的资料，不难发现，这几年讲究的锅气，恰是沈阳百年来延续下来的这些个小馆子里，始终升腾弥散开来的人间兴旺之气。

也是由于这样的原因，沈阳的老百姓，始终沉浸其中，无法自拔。后世广为人知的老边饺子、马家烧麦（卖）、海城馅饼、李连贵熏肉大饼等，也都是在这个氛围的熏陶下，或自本地相继诞生，或由外埠迁徙而来。

鹿鸣春、明湖春、宝发园等字号买卖和历史一样悠久绵长，令人一眼看上去，那就有一种为之向往的感觉。而生长在这座城市的人，自然是有口福之人。

沈阳的福地文化，和口福相得益彰，互相衬托着这座城市的荣光与辉煌。通过饮食，我们可以了解走近这座城市的历史脉络，通过食物与烹饪，我们可以翔实地掌握不同历史时期饮食生活的本真样貌。

对于食物的描述，文字本身是通达的，可以贯穿地域的南北东西。描摹烹饪的文字，是婉约和谦逊的，在某个片段中，含蓄和隐藏着不被世俗的风向所侵袭，浸润在独自的视野和范畴之内。

生活在沈阳这座城市中，我寻访过很多地方，不经意间路过的巷陌街市，每每令我感触颇深。我知道和品尝过的吃食，赏味过的好物，多不胜数。倘若是归纳和分门别类地概述，我只能说，沈阳目前遍布着的菜系已经是涉及五湖四海，无所不有了。

这其中，所有的文化地域差，最根基的有两种划分，一种是在以人为主的吃，可以叫作吃荦儿，另外一种则是赏，被称为赏味。

吃荦儿和赏味是相对应的。前者彪悍勇猛，后者温润柔和。不同的光和视线交会，形成了味之道，味之美，食之内涵和外延。

在沈阳品尝寻觅味道的底色和各地的风味，要兼具吃茬儿和赏味两种品质。

老字号的悠久，新字号的创新，原字号的发掘与融合，是沈阳当下味道的继承、融合与创新。吃茬儿是对沈阳食物的痴迷和眷恋，赏味是对沈阳食物整体的赞美和致意。

对一座城市的味道欣赏，来自对食物、食品、食材等诸类字词的敬畏和理解，是对文化文明和烹饪之道，或者说，可以理解为对自然本真食材的崇拜和凝视。从五味调和，舌尖和身心的愉悦，到食材本身的营养价值，乃至食物在衍生过程中兼具的更为宏观的象征意义，都有了突破性的覆盖。

华夏文化博大精深。沈阳居于东北门户，古都名城，更是将吃的文化内涵，延伸到"道"的层面。各类沈阳的吃食，烹饪的技法，因为一代一代人的承袭而发扬光大。

古时，先后有"厨神"之称的是詹王、易牙等，虽然被行业的灶头堂头尊敬供奉了数千年之久，却仅仅出于民间传说。在现实中，人们更喜欢的是，古今文人骚客中的美食大家。譬如宋代的苏轼，明清时期的李渔、袁枚、顾仲，及至今日，文化大家梁实秋、齐如山、金受申、王世襄、汪曾祺、唐鲁孙等人，更是因为美食文字而知名。

懂吃爱吃，文字精练，能成为美食家者，不容易。而为一座城市做美食记述，更难。

沈阳一地，厨神刘敬贤之名，曾经因为改革开放后举行的首届烹饪大赛，名满京华。那一届评委，可是昔日御弟溥杰领军的，极具权威性。

饮食出于庙堂，饮食更深藏市井巷陌。

而今，沈阳的新老厨师和绵绵不绝的老饕食客，更是将美食推到了文化的境界。美食美器，全因人而变得具有价值。而人的附加值，也因为自身的历史地位而彰显。

"三春、六楼"，是城市的溯源之地。

"七十二饭店"，是城市的锅气和烟火散板。

可惜大多已隐入云烟。

我们熟悉的那些饭店小馆儿，也是如此，慢慢地渗入沈阳人的内心深处，成为无数人无法割舍的一部分。老边饺子如此，马家烧麦（卖）、李连贵熏肉大饼亦如是。但幸运的是，这三家老店顽强地传承下来，对一座城市来说，那是记忆的味道，对每个人来说，那也是文化基因的延续。

一城百味，千万种选择，每个人的口味各不相同。

兴起时，指点美食处，从文安路到中街，从北市场到西塔、西关、南市场，味道的衔接，皆是赞美字词中的回音四起。

沈阳的大兴与大潘吸引着食客，而康平、辽中、新民和法库，则充盈着乡厨的肆意发挥，呈现着自然的馈赠。

沈阳味道，老底子在，承袭时光的浸染；沈阳味到，味到之处，独呈异彩，新辽菜跻身国内菜系之中，令人拍手称快，赞叹不已。

一味在，口味可分地域。知沈阳味道，可知沈阳人的赏心悦目处，是怎样的美妙，可见味道背后，一个时期的经济和生活的迥异差别，就像沈阳人对不同面食的看法，对鸡架的不同烹饪手法和技能一样。

沈阳城中，烟火识味。

识的是这座城市，从历史过往向未来行进的每一个阶段的烟火锅气，识的是这座美好的城市中，食材的本真与味道呈现出来的特质内涵。

以味道，识别一个城市的元素符号，以味道的线，勾连沈阳这座文化名城的美食历史地理版图，不难发现，沈阳人，对美食，始终是有着见识和探究的，始终怀着浓烈的兴趣，吃大过天。

这座城市中的人，不乏高雅的赏味与民间推崇的吃茬儿。

用味道美食鉴别和形容一座城市的烟火气息，是恰如其分的。

毕竟，味道的回忆才是潜伏在人内心中蓄谋已久的冲动和快感。

由此，我们会发现和推断出，沈阳每个人的内心深处，都有着各自不尽相同的一版，味蕾中的美食与沈阳图鉴。

沈阳味道的老底子

　　食物的味道，日久年深，会形成巨大的影响力。综合评判之下，美食影响力的产生，大多出自先天的食材和后天的人为操控下的烹饪技法的调和。我所处的沈阳，多年以来累积的味道风俗和饮食习惯，大抵亦是符合这一规律的。

　　乡土与地域的先天性元素，是味道的滋生形成之根基，似乎可以说，任何一座城市的口味，成就出来的地方风味，从食材到烹饪技法都概不例外。沈阳的味道是有传承和老底子的，用这样的两个词形容起来，更是令人觉得城阙的历史跟着味道的迁徙，顿时有了烟火气息和市井的民俗气质。

　　我在沈阳土生土长，对食物的味道本真始终是有着痴迷和眷恋的。即便是走到了千里之外的异域他乡，始终不忘。

　　1912年，当时的文人印匄就在《沈阳菊史》的开篇中写道："沈阳拥宝山之璀璨，披绣岭之菁华，太平则角羽召龢（和），名士则簪裙成集。一觞流咏，万泉湖上之舟；八音允谐，四照真边之邃。"

　　而今，每每读到这样的文字，不免为之怀想和回忆。对这座城市的历史和过往，深深地痴迷和遥想。

从这座城市走过去，穿越在历史的云烟中。我的视觉和味觉，都是在这烟火的城市生活中，体验到这种暖意与慰藉。

沈阳故宫、张学良旧居、八经街附近民国时期留存至今的老公馆、中山广场太原街附近的百年老建筑，都是味道的隐秘流传之地。而街角巷陌的招牌幌子，则在烹饪美食的脉络中，呈现出不一样的历史风貌和深厚韵致。

中街以往叫四平街，是明朝开街的天下第一商街，当年的骡马市、夜市和铜行，年深日久，已经模糊了最初的本来面目，少见于史料记载，清朝早期建立的宫殿尚在，食谱中的菜肴奠定了满汉全席的初始基础。公馆的菜肴，慢慢随之流传到后世的寻常巷陌和民间，老一代的老字号，大多起源于清末民初。

文字回忆和历史文献上所讲述的著名的"三春、六楼、七十二饭店"至今还在沈阳老百姓的记忆中，隐约闪现。

更为知名的是当时历史上一些著名的人物对美食的嗜好和偏爱。

张学良家的寿宴，花样繁多，食材的选择更是精致细腻，从海味到山海关外的走兽飞禽、各种山珍。据后世人回忆，菜单上干果有：榛子仁、酥杏仁、甜核桃仁、顶心瓜子；鲜果有：香蕉、柑橘、菠萝；然后讲究的是上凉菜和热菜。凉菜有：清蒸鹿尾、生菜龙虾、火腿松花、鲍鱼龙须；这之后上的是十二道热菜：一品燕菜、云片银耳、蟹黄鱼翅、葱烧海参、虎皮鸽蛋、玉带鲤鱼、一品莲子、金龙戏凤、当朝一品、喜庆全家福、福寿一品锅、一品锅上卖。主食是三鲜锁边炸盒子和金丝卷。

当年，在沈阳城里，餐饮聚会讲究的是做席。这一点的出处，无法考据，不过，以鲁菜而兴的京城和济南等地，都推崇各种高端宴席来相比较，燕菜席和翅子席，可谓是大户人家宴席中不可或缺的。

祝寿是比较隆重的事情，当年张学良旧居中的宴席，为了保证品质，特意从沈阳城著名的"三春饭店"之一的"明湖春"饭店请来了最好的厨师。这样的饮食讲究荤素搭配，讲究南北方融合，更讲究食材的高端精细化。在彼时，亦为名流盛宴中的佼佼者。

往来无白丁，深宅大院中的食材筵席自是高端精细的。

这说明，在不同时期，沈阳城的餐饮顶流，始终拥有着一线大城市的烹饪餐饮水准。难怪二十世纪五十年代之初，沈阳城中，开业经营年限超过五十年的老字号，也已超过五十家。待到新经济兴起，民营国营餐馆百舸争流，同台竞技，百花齐放，有人调查烧烤相关的餐饮店铺，得到的数字竟然已经超过万家之多，这在国内以烧烤餐饮为衡量标准的话，恐怕早已在众多城市中跻身三甲了。

我们搜寻查找这类城市的美食地理图鉴，包括历史上的烟火味道，不难发现，无论何时何地，大店与小馆儿，都是寻常巷陌味道的老底子。

漫步巷陌，寻访味道的出处。

日月悠长，烟火与锅气愈发地浓烈厚重。

当我们面对历史的长廊回顾遥望时，那些散发在历史缝隙间的舌尖上的味蕾被不断地打开，我们在不断看到历史的侧面时，也发现了饮食始终是城阙民生中的重要组成部分。

宫廷大宴群臣，那些走过十王亭、大政殿、关雎宫的脚步，是否也脚下生香？一步一步行走过来的皇家深宫，祭祀祖先，请神送神，努尔哈赤和皇太极的目光，霸气凛然。当孝庄皇太后带着顺治帝回眸一顾，迁都北京的时候，我相信，临行前的宴会上，一定会面对满族的诸多美食，百般难舍，无语凝噎。

这样的场景不停地变换，从故宫不远处，就能看见毗邻的张氏旧居，张氏父子的大青楼、小青楼、老虎厅，美食与烹饪，在不同时间见证着历史，而多少计谋筹划，明争暗斗，都在杯盏交错间上演，诸多的山穷水尽，都在一桌酒宴中又迎来柳暗花明。

从宫廷到张氏旧居，从宅门到市井，我们普通百姓更喜欢的，是在市井的烟火气中说说家长里短，也在寻常的小吃与风味中袒露心曲，交到朋友，寻到知己。

北市场、西北市场、石头市、西门脸儿、第一商场、兴乐园、南市场等，地理上的这些标识，仿佛是城阙之神有意无意间勾勒出来的一幅美食地图。那仿佛就是神来之笔，是上天赐予我们的寻常气息，烟火扑面，令人心驰神往。

三春、六楼、七十二饭店，包括一些小街小巷，都是美食的扎根地。除了三春、六楼之外，那七十二家饭店，更是热闹火红的特指形容。

从烤鸭、鲁菜到小馆子风味吃食，呈现出沈阳老底子的风貌原形。

西门脸儿兴乐园、小河沿、北市场，包括西北市场，这些地界的吃食饭庄子、饭馆子、小吃摊床，都不少。

小河沿到了月份时令，现搭建的吃食店颇多。这些摊子虽小且简陋，但实惠，贴心，它就是开在你家门口，要的就是那个方便。

留下名头字号的有中街的大海饭店、半分利饺子馆。

西门脸儿，兴乐园，是清真回族的美食汇聚之地。

白家的抻面、于家的馅饼、林家的包子、铁家的煎饼馃子、王记的片粉、冯家的切糕五花糕，还有铁岭昌图八面城的饸饹，都是日常小吃，也都是百姓味蕾中最走心的东西。几日不吃便是抓心挠肝，只要坐下来，低头先闻闻那味道，再一口一口地吃下去，便一下子心安气顺，浑身舒服。

我听老一辈人讲述和后来查阅的文献资料发现，沈阳味道的老底子，真的是琳琅满目，令人口舌生津。光是老北市场，大小饭庄、饭馆、小吃摊子就不计其数。据说当年的老北市场中不挂幌的大饭庄就有不少家。于家馆的鱼，公乐饭店的红烧海参，普云楼肥而不腻、瘦而不柴的扒锅的酱肉、春发祥的肚、顺发园的锅烙，老边饺子，常家馆的烧卖，三盛轩的坛肉，三和盛的包子。散布其间的小馆子，更是不胜枚举。

于是，后来的人念叨起来，虽然说不上具体的名号，也都大约记得，那些简称和字号，譬如，董爆肚、牛头王、赵家馄饨，个儿顶个儿名声在外，吃起来味道美极了。

百年云烟过眼，这以后，老一辈人的回忆和一些旧的历史文献中，还有人说起来北市场的美食好滋味，似乎是不经意中把这些美味，都深深地藏在了记忆之中。

太过久远的已经隐藏在历史的记述中，辽金文化的后期，地域饮食习惯民俗已经成熟。到了沈阳中街开埠，已然是大明一朝。因循古代城阙街市布局"左祖右社"的规矩，在中街的夜市与骡马市、铜行附近，开始出现饮食店铺，自然毋庸置疑。到了清朝早期，沈阳城阙因为老罕王努尔哈赤迁都于此，围绕罕王宫和沈阳故宫的建立，一直延续到顺治迁都以后，康熙、乾隆等清朝皇帝东巡，早期的地域饮食习俗和各民族饮食在此相互融合，形成了后续满汉全席关外地域元素雏形的这一说法。

到了民国时期，一些高门大户的饮食因为食材和地域性的融合熏染，变得极为考究。如张学良府邸的菜讲究的是食材，食材一般都是属于高贵贡品级别的，比如说黑龙江一带的三花一岛中的鱼类，鱼肚用的是广肚，干贝都是呈金黄色的，鲍鱼、龙须等也必须得选用当季的新鲜货。山珍也很讲究，松蘑、榛蘑、元蘑、口蘑都是常见的，草原上的白蘑菇也是好食材。沈阳周边的哈什蟆是珍贵原料，营养价值非常高，可烹制各种菜肴。厨房常用的油有白油、植物油、材料油。汤分一清、二炖、三煮、四波。海参都是上等的黑刺参，每斤二十个左右。

其他的野味儿，包括獐、狍、野鸡、野兔、熊、虎。各类珍稀食材，更是应有尽有。牛羊肉和猪肉这些家畜的肉食，更是不在话下。

并且，对于常用的食材，厨师们会根据菜肴不同用法素常就有储备，每天早上还有粥，对应的节气吃对应的菜。

这个时候，食材的选择尤为重要，讲究的是不时不食。

还有一个外面不常见的特点，那就是，张氏府邸还喜欢农村红白喜事上宴席菜的味道，专门有厨师负责这一块儿做面肠和小肚儿。人多的时候，张氏父子家的宴席光菜谱就有一二百种。偶尔要是招待的客人里面有南方籍贯的，厨师还要及时调整菜谱，必然要做几个像样的南方菜。张氏父子家的饮食，除了讲究烹饪中的刀功火候、食材精巧外，还提倡荤素搭配。在荤菜之外，还有素席。

除去个别人，张家的夫人都喜欢吃素。

正常宴席中也有荤素搭配一说。

素菜的原料为时令食材，营养不腻，包括冬笋、六耳、莲子、面筋、萝卜、豆制品等。考究的是素菜荤制，用普通的素材原料做成鸡鸭鱼肉的形状，几乎可以乱真。

张氏府里吃饭也讲究上菜时的上饭下饭。吃上饭的是几个夫人，每次都是四盘四碗，几位少奶奶是每人四盘两碗；吃下饭的是上差和账房人员，都是四碗。由于季节不同，他们讲究的是四季不同菜谱。

上饭和下饭菜肴随季节搭配，在四盘四碗中下功夫。时令的蔬菜和佳肴对应餐饮是特色，春夏秋冬四季分明。

春夏秋冬各个节气时令都有不同的特色。

仅春令食材和菜肴，就能够看出饮食之丰富与不俗。

当春之际，菜肴烹制有盘菜和碗菜之分。

盘菜有炒豆芽、木樨肉、炒洋葱、熘肝尖儿、酸辣炒四丝、宫保鸡丁、冬笋炒鸡片、炒杂瓣，碗菜有麻婆豆腐、豆腐烧鱼、家常烧鱼、五柳鱼、炖土豆、酿豆腐干、炖白菜粉、炖鱼或肉。

这些菜肴的名称和季节的搭配，都是根据当年亲历者的叙述回忆摘录整理的。虽然由于年代久远，当年留下来的佐证资料匮乏，不过，这些熟悉的菜名，还是能够给后世的人带来一种想象和追忆。

沈阳这座城市饮食文化厚重，影响力深远，在美食的历史记述中，无疑是值得浓墨重彩书写的。沈阳的老底子味道还在，遍布街巷的各类馆子、饭店，都是承袭和传递的呈现方式。

沈阳的面

北方人喜吃面，这是对南方人喜吃米而言的。

虽然这个说法流传甚广，像"南甜北咸、东辣西酸"一样普及率极高，不过，传久了，这也是一种大概率的说辞。

在我看来，其实，这个说法是失之偏颇的。为什么会出现这样的说法？想来是由于当年交通闭塞，信息不发达所致。由于这些客观原因的存在，有些传统的说法，已经逐渐被校正和更改。就像以往以为只有巴蜀湘黔这样的地域喜欢吃辣的，不知道，地处江浙的衢州还有三头一掌这样嗜辣的地域城市。

吃面也是如此。

不光北方人喜欢吃面，去江南和西南等地域，当地人对面食的挚爱，一样令人有到了面之故乡的感受。上海人讲究吃葱油面、开洋面、蹄髈面；杭州有片儿川、半川；南京城中，皮肚儿面令人觉得眼前一亮，肉皮炸出来的香气和咬一口的筋道，更有滋味，与当地闻名的鸭血粉丝汤，一时瑜亮；广东的伊府面，则更像是方便即食面的祖先，看上去外焦里嫩，香而不腻，煮时可加蔬菜和卤肉等搭配，如三鲜伊府面、鸡丝伊府面、虾仁伊府面、什锦伊府面等。面食有渊

葱烧辽参

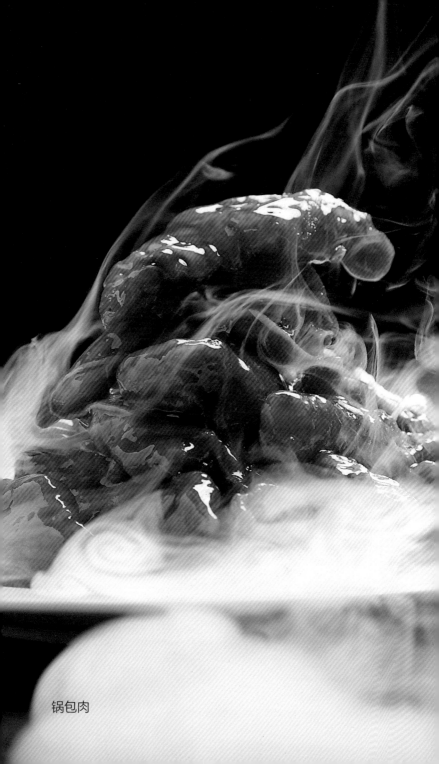

锅包肉

源，伊府面自然也不例外，说起伊府面的起源，更是令人闻之有口齿生津的感觉。伊府面据说是由乾隆年间书法家、扬州知府伊秉绶家中姓麦的厨师创制的，易于存放，因而取名为伊府面。为此，嗜好美食的人大多为此赞叹记述上一笔。这种说法见于美食文人骚客的笔墨，如民国初期的洪为法的《扬州续梦·扬州面点》，其中说："在昔伊秉绶曾任扬州知府，伊府面即其所创。"收藏大家、掌故美食家王世襄的表弟，同为美食家的唐鲁孙的《说东道西·扬州炒饭伊府面》、赵珩的《老饕漫话·闲话伊府面》、朱振藩的《食林外史·从扬州炒饭到伊府面》等文章中都有对伊府面的介绍。贵州的旺肠面和羊肉面，生性彪悍，酸辣适中，独有高原气质。至于陕西、山西的面，打到面、油泼面、臊子面、钱钱面、刀削面和那些虽然不带面字，却有着面的筋骨和神韵，出自面食一道的拨鱼、柳叶、捻捻转、中条、细条等更是和兰州等地的面食，深受世界人民的喜爱。

不过，走过万水千山，即便是老北京炸酱面，天津的锅挑儿、白坯儿等再吸引人的口舌之欲，我还是无法忘记咱沈阳的面。

沈阳人吃面，吃的是简单、豪爽、大度和坦然，吃的是风云变幻后的云淡风轻，吃的是简单简约后的温暖和随意。这种吃法，更符合地域文化特色，有关外原住民的简单粗犷，有工业时代大机器齿轮和钢铁的铿锵质感，着实令人在吃面的时候，有淋漓酣畅的快意。

我喜欢吃面，吃沈阳的面，是出于家庭的熏染。毕竟，口味的养成，也是跟人的地域和先天成长环境有关的。

籍贯是北方，素常喜欢吃面。

朋友中有好事者问："你们一家爱吃面？"点点头，算是作答。能解释清这其中的原因吗？不能。至少我是不能。

吃面在沈阳的人家来说，不光是一时的嗜好。倘若以文雅一点的词描述，当归入钟情一类。从父亲的手擀面养成的打小就喜欢吃面的习惯，我对沈阳的面，是有着深深的感情的。知道这座城市的味道底色中，原本就有着面的浓厚印记和深深回味。吃沈阳的面，形式和内容颇多，种类也多得让人数不清。

一家人居住在沈阳，父亲一辈子喜欢吃面，有时一天三顿吃面也不嫌多，我们一家也就有了对面食的依恋。那时家里有人出行要吃面，我提醒他，上车饺子下车面，他不管，固执地以面送行；家里来了客人，他当然要展示他最好的切面手艺，以一碗香喷喷、热腾腾的面条招待客人；家人过生日更不用说了，必须是一碗长寿面才能表达他的心意。

父亲擅长做面食。他经常念叨着面条的美味，讲述面条的历史。我猜他喜欢的当然还有那些面粉像变戏法一样成为面条的感觉。一些面粉，白白净净的，倒上水，便需要千揉万揣。能不能做出好面，就在这个手劲儿上。父亲揉面，用的是蛮力更是巧劲儿。是的，揉面是个力气活儿，经常可以看到他揉得满脸微汗，气息微喘。面揉好了，还要有个"醒"的时间，那面才有了活气儿。面板上撒上薄面，将揉好、醒好的面擀成大饼，不薄不厚，再卷起来。他切面是颇有气势的，那是一气呵成、绵延不断的，要的就是那个刀功。面条的宽窄粗细，都是随着吃客的喜好而定的。当父亲手里的刀"嘚嘚嘚"的声音停下来时，说明下一步他该欣赏他的作品了。只见他微微陶醉地用手拎起来长条，感受筋道度，嗯，刚好。他用盖帘托起，亲手将那长长如风似的飘带下入锅中，待水一翻花，更如龙戏于中。那面的味道便开始飘浮起来了，猛吸一鼻子，真香。

捞一碗面，滴入酱油、醋、家乡的小磨香油，再佐以细韭、青蒜和肉丝，比天天做广告的方便面，不知要强过多少倍呢！当然还有各种卤子，看你的喜好，炸酱卤、麻酱卤回味无穷，西红柿鸡蛋卤汤汁浓郁，茄丁卤、芸豆卤清香满口，香菇鸡丁卤香气四溢……

我父亲是个专注于吃面的人。当一碗面上来，白白净净的，温软柔顺的，他要恭恭敬敬地注视面，这类似于一种仪式，郑重，虔诚。他先要凑近那面，深深地吸口气，把那面香吸进骨髓里、血液里，那才叫体会到了面的味道。然后，他会埋下头，一边吃面一边喝汤。那面顺着他的食道他的胃肠滑下，那是对味蕾的一种馈赠，是对身心的一种抚慰。他吃到微汗，脸色微红，眼皮有些倦怠，那便是吃得舒服了，柔软了，饱满了。他的眼神变得更加柔软了、迷离了、自如了……

爱面的人，大抵上都是温良敦厚的，宽容大度的，我父亲便是。

面条的诞生，至今恐怕有几千年的历史。父亲专门研究过面条的历史，知道宋代的面条，除了叫"面"，还有"汤饼""索饼"的叫法，"煎面""炒面""浇头面"，不一而足。还有"荤""素"的区别。

汤饼其实就是现在所通称的面，古人称面则指面粉，而称长条的面为汤饼，以凡属面粉所制，皆称为饼，所以用汤煮面，也就叫作汤饼。民俗中小儿满月、老人祝寿、亲友欢聚，一般都会吃长寿面，俗谓汤饼筵，不称面而称汤饼，即犹存古称之意。

这种习俗由来已久，汤饼的叫法起始于何时，至今已经无法考证，但在唐朝时已有此风。《新唐书·后妃传》中，唐玄宗皇后王氏有"脱紫半臂易斗面，为生日汤饼"之语可证。此汤饼又称牢丸，唐人称为不托或饪。大约人制面，未必如宋人程大昌《演繁露》所谓："之汤饼，搏而劈置汤中，后世改用刀几，乃名不托言不以掌托也。"后人这种猜测，颇像刀削面，只是没有人确定。不过，面条在当时已然是通俗之食物了。

如《梦粱录》所载，当时的面就有鸡丝面、三鲜面、大面、倦鱼面、虾面等，其名称多与现在相同。面条细长，薄厚均匀相同，面汤油光光地泛着红润，点缀几点葱花翠绿。吃在口中有酸、辣、薄、筋、香等特色。明朝高濂在《遵生人笺》里记录了"臊子肉面法"，可见此面产生年代之久远。

如此看来，面条的历史和讲究，还真的有些年代了。

有历史可考据的，是清末民初的时候，老北市场、西门脸儿的第一商场中都有面食的小馆子，白姓、王姓师傅的抻面。抻面是带有表演性质的，一团面在手上，那是手与面的舞蹈，手与面的默契。站在面摊前看抻面，在抻拉之间，那面在手里上下翻飞，令人眼花缭乱，美得其所。那一根根面，从指间抻出来，变戏法般地越来越多，越来越细，讲究的是面随力转，三折五捣，百十来根，恰若银丝抛入汤中，令人入口生津，韧劲十足。抻面之外，民国时吃面还有饸饹面，木质的饸饹床子和荞麦面，据说传自周围的铁岭八面城一带，有肉菜做卤子，吃起来抗饿顶饱。

自然，像老北京炸酱面时常搭配的"小碗儿干炸"和青菜码，四川麻辣面的川味香肠，重庆小面的豌杂面、肥肠卤水，上海面馆中的焖肉面、葱油面、大排面、蹄髈面，在沈阳，都能够找到行踪轨迹。这便是一个城市对面食的尊重。

日常，沈阳人钟情吃面，吃的是那种贴心贴肝的舒坦，亦不该纳入"馋人"一类。面是极普通的食物，与奢侈无关。无论是春夏秋冬，四季轮回，吃面都是无碍于节令的。面条、面片、疙瘩汤，简单而实在，让人那么的喜爱。

如果有多事者欲吃出些别有新意的口味，不要紧，炸酱面、鳝丝面、阳春面、担担面等，种类会多达几十种。

间或有爱寻章据典者，还会从吃面中长了知识。沈阳的面，令人痴迷和眷恋。在沈阳人的眼中，排名不分先后，只是以距离自己家的远近而区分。就像我，虽然不是居住在延边街、北市场一带，可是，对朝鲜族的冷面和热汤的蚬子面，始终是一如既往地热爱。

沈阳的面，种类颇多，有南北方的迁徙之品，也有本地人的独爱嗜好，从闻名全国的老四季抻面、西塔大冷面，到街头巷尾胡同儿里的四季面条、三姐手擀面、小两口儿手擀面、老钟家麻辣面、沈阳人人抻面、许家抻面、民宜家、人人鸡架抻面、老王四季抻面、谭姐手擀面、擀面娃等都是本地人喜食的。在鸡汤抻面和家常打卤手擀面等一系列面品种类中，间或还会发现，太原街的逸良面馆，有沪上阳春面、焖肉面，至今已经有二十年以上了，其他的还有巴蜀的麻辣面，青海的牛肉抻面、单讲臊子面

（亦名嫂子面），还有陕西关中的风味吃食，配上本地的小烧烤，也是不止一家。

当然还得说说兰州拉面。兰州拉面可谓名满天下，以"汤镜者清、肉烂者香、面细者精"而为世人称道，更以"一清（汤清）、二白（萝卜白）、三红（辣椒油红）、四绿（香菜、蒜苗绿）、五黄（面条黄亮）"而备受好评。兰州拉面自然也在沈阳扎下了根，遍布大街小巷。沈阳人从不排斥任何美食，也不会固执地保持自己的口味，他们愿意尝试各种味道，只要你有本事立足，沈阳人就会给你一席之地。

吃面是件快意的事。

冬天有暖身之功效，夏时过水则可开胃去火。而添加的各类小调料，佐以蔬菜、肉食、海鲜，则泛出吃面人的性情、喜好和做面人的智慧匠心。既是快意之事，就该有快意人、快意笔写之记之。于是，就有唐刘禹锡的"引箸举汤饼，祝词天麒麟"，苏轼的"甚欲去为汤饼客，惟愁错写弄獐书"。

当然，区域性的面食，虽然是一般人常态化的选择，不过，常规操作之外，大众的心目中，还是有一些侧重的。

街边闲走，上班途中，吃上一碗面，其实就是为了过好生活的一种补充。

于是，乐天知命的沈阳人，在不同的面条中，陆续找寻到了岁月的痕迹，找寻到了年代对于几代人的熏染和慰藉。

位于太原街步行街北端外的四季面条，当年可是国营老字号，至今生意红火，大肉面、辣肉面，小盘的酱肉，等等，是不少老沈阳人的心头好。老四季抻面以鸡架、抻面为主打，佐以鸡肚面、鸡汤面等，经济实惠，一晃经年，已经成为本地的老字号企业，连锁经营，食客大多吃的还是情怀与回忆。

许家抻面，当年在劳动公园附近那家店的生意真是好得令人羡慕。民宜家是老店，原先在兴工街小五路的店，是很多沈阳人的深夜食堂，拌菜和宽面，温暖的不仅仅是胃，还有心。沈阳人人抻面这几年日盛，颇有老味道的韵致。太原街的四季面条，一店存活热闹了几十年，到店里，可以看见面食专门机器现场压制面条的过程，面出，投入锅中煮沸，然后迅速捞出，放在冷水中冷却，浇上大肉汤的时候，必定会问，要辣不要辣？浇头有大肉、肉丝、辣面传统的三种，虽然后来因为时代的发展，口味有了新变化，店里多了牛肉面等新品种，可是，得意老三样的人还是最多，这也说明了，味道是有遗传的。这也是四季面条的特色，有别于其他面馆的地方。至于西塔大冷面、白鹤大冷面中的咸口儿，更是催动了一些人的味蕾。白鹤大冷面、雪山大冷面，都是北方朝鲜族冷面的衍生，当然，这仅仅是我们普通食客的感觉，并没有得到验证和专家的逐一审核校正。

沈阳的面，种类繁多，令人记忆深刻。

不仅仅是日常老百姓耳熟能详的老四季和四季、许家、民宜家、沈阳人人等各家面馆中有名有号的店，各色面，各地面，也就都层出不穷地出现在沈阳人的面前，间或，还会有一些具有创意性的面馆，一些小众的面馆，应运而生。嘉里城的礼面、红油爆肚儿面，有红油、麻酱、爆肚儿和搭配的蔬菜，味道适合白领商务人士，简餐。新华广场的道隐面馆，除了西红柿牛肉面、高菌面、原汁牛肉面好吃外，像四川香肠和冷吃辣子鸡同样令人垂涎欲滴。据说它家在皇姑区还有店。

顺着新华广场向北，到了西塔美食区域，煌岛刀切面，有着浓郁的民俗特色，辣白菜、酱肉、拌墨斗、干辣椒炒明太鱼、酱萝卜、拌毛蚶等，搭配上蚬子面，极有食欲。

我们和面的相遇，实际上是一次偶然和必然的平衡。我以往经常去三经街八纬路附近，那地方毗邻沈阳最早开埠的南市场，偏僻巷子里，有一家余丞记川渝面馆，中午一到饭点儿，吃饭排队的人超多。据说，这是沈阳比较地道的四川重庆口味的面馆之一，到现在已经在沈阳开了好几家分店了。他家的凉拌椒麻牛肉面、豌豆面、担担面和肥肠面，我都吃过，确是有一种别样的感觉。有时候，我特地错过饭口，稍晚一点儿去吃，就会发现，人在这种偏僻的小巷子里吃着喜欢的食物，悠然间，像是穿越到百年前，一时竟然有不知身在何处的恍惚与清冷。喧嚣和寂静之外，独处的清幽感顿生。

家顺大肉面吃的是质朴和地道的豪爽。江湖爆肚儿面特色面馆吃的是快意。味东唐有重庆小面的浓郁芳香。重庆万州面馆总是令我不由自主地想到了烤鱼的夜晚。马乃高汤牛肉面有西北的风情和景物，动人心念。面二和杭州私房面馆、麦香铁锅焖面，让面的字词，通达于时间和空间之外，无所不在。

面犹如此，人以面为衡器。

从异乡到故乡，许多年过去了。沈阳人的吃食里，一家人的钟爱物，依然是城市的标签和符号元素。其实，各地面食颇多，苏浙沪、淮阳和巴蜀云贵，面的种类似乎更多，我亦喜欢吃，把旅行和饮食结合，才是完美的生活。

不过，吃着这些面的时候，偶尔停下来，一想，似乎总觉得，这些异乡的面里面，好像少了些什么。面本是死的，但当它到了人的手上，再到嘴里，它便变成活的了。当它与人的味蕾、感受与心情发生反应时，一碗面也就有了生命。无论四面八方的面，也无论如何精致的面，到了沈阳，大概都有了一种豪放的气质。大碗、宽汤、量足，吃面的人连汤带面吃得热气腾腾，而在某一个时刻，会突然停顿，大抵是想起了过往的一个细节，心里禁不住震了一下。那大约是与母亲、与爱人、与家有关。于是，那面的味道便愈加浓烈了。

沈阳之面，可谓面面俱到，是这座城市的人民悠长的人生回忆，亦是老沈阳人、新沈阳人，一生都难以忘怀的故乡之根、之源。

面食推荐

老四季 地址：南二经街与十三纬路交叉口 等

沈阳人人 地址：十三纬路117甲1号 等

西塔大冷面 地址：市府大路31号 等

白鹤大冷面 地址：宁山西路31号

煌岛刀切面 地址：安图北街6号

礼面 地址：市府恒隆广场负1层 等

余丞记川渝面馆 地址：云峰北街43号19门 等

家顺大肉面 地址：砂阳路150号 等

味东唐 地址：云峰北街60号 等

马乃高汤牛肉面 地址：黑龙江街39-1号 等

面二 地址：文安路47号613

杭州私房面馆 地址：云峰北街与南七东路交叉口

麦香铁锅焖面 地址：北四东路御览茗居7号门 等

赏味四季

文字是通达的，可以贯穿地域的南北东西，文字也是婉约和谦逊的，在某些时候，含蓄和隐藏着，不被世俗的风向所侵袭，浸润在独自的视野和范畴之内。

我去过很多地方，品尝过的美食也有无数种，倘若是归纳和分门别类，我只能说，所有的菜系，所有的文化地域差，都有最根基的两种划分，一种是以人为主的吃，可以叫作吃荙儿，另外一种则是赏，被称为赏味。前者彪悍勇猛，后者温润柔和。不同的光和视线交会，形成了味之道，味之美，食之内涵和外延。

在沈阳，我觉得，"赏味"和"吃荙儿"是相互对应的。

汉语方言中，吃荙儿说的时候，一般"咬字"很重，是个硬朗的词。起初流传在哪个地域，已经无法考证，不光是北方，西北、中原一带，也有人这样讲话。乍听一句，会让无数痴迷食物的人觉得味蕾大开，食欲大振。如果，仅仅从字面上理解，不难发现，吃荙儿是在吃这一领域绝对权威厉害的人，是人在主动权上，对食物的一种攻陷。这在很大程度上，超越了所谓的吃货。毕竟，那是一句戏谑的话，《西游记》里，孙悟空经常说猪八戒的就是那句："八戒，你这呆子就知道吃!"可是,吃,不是下作的事。其实,对于大多数人,没有文字方面的深厚素养,是不知道这两个字包容的是怎样的含义和光泽,又将在生活中起到一种什么样的连缀作用的。

与之对应,赏味,则是要含蓄内敛得多。

这一点上,有些地方,做得更加完善。

譬如,我国的粤港澳地区,赏味的说法似乎更加盛行。

赏味佳期,一般会印在食物的外包装上。这便令食物的品质和层次,在文字的影响下,得到了无形的提升。

各式的馃子、手信,甚至一些生鲜产品,都在这个时候,因为赏字,变得生动鲜活起来,似乎,食物本身的内息,瞬间被打通、涌动的时候,让人和食物有着更雅致的交流。

赏是欣赏,是对食物、食品、食材等诸类字词的敬畏和欣赏,是对文化、文明和烹饪之道或自然本真食材的崇拜和致意。

在沈阳,赏味也有佳期,吃茬儿也分嗜好和偏爱。

我觉得,借鉴和推陈出新,是赏味和品鉴的一次融合和拓展推广。

沈阳的味道,值得赏,值得吃茬儿品鉴。

说说沈阳四季的味道吧!

春天的野菜是来自这座城市附近乡村大野的本真味道。

香椿、柳蒿芽、刺嫩芽、猴腿菜、山芹菜、水芹菜、蕨菜、刺五加、婆婆丁,充满了野气和天然的底色。

这些乡野山菜,在青黄不接的年代,接续了多少困苦的年华。凡是老辈人忆起过往,无一不与这些野菜密切相连。

它们曾经就是老一辈的口粮，就是用来续命的食物，甚至把一种野菜直接就叫"亲妈菜"。直到现在，每到春暖时节，上了年纪的大爷、大妈们依然会出现在房前屋后的绿地，当然也会结伴去往郊外田野，挖回新鲜的野菜。冲洗干净之后，煮成菜粥，做成菜饼、窝头，但最简单豪横的方式便是蘸酱吃。一大碗绿意盈盈的野菜上桌，小时候能有自家下的酱已是满足，如果再能炸个鸡蛋酱更是奢侈，绿的菜、黄的酱，吃的就是那野菜的原汁原味，可能咀嚼起来有些许的苦味，但细品之后，便满口生津，品出了甜味……

直到现在，沈阳人的酒席上，总是少不了一道菜，那就是大丰收。不过，现在的大丰收里加进了红的水萝卜、绿的黄瓜条、红的青椒、紫的茄子。是的，在沈阳人的眼里，万物皆可生吃。生吃，环保绿色，吃的不仅是过去的回忆，也是大自然最慷慨的馈赠，更是保持了野菜最原始的营养价值，简单方便，又能摄取自然精华。

每到开春，从东部山上运来的山野菜是最珍贵的食材。当这些东西运到手里时，它们还带着山间露水，日月精华。用香椿炒鸡蛋，味道绝美；蒸一笼水芹菜馅儿的包子，清香四溢；焯一下刺嫩芽儿，炸一碟肉酱，吃得胃口大开……

到了夏天，榆树钱儿，槐花饼，充满了鲜活的绿色和生机盎然的格调。但这些都不是主流，真正称得上沈阳夏天主流的莫过于撸串儿、啤酒、羊汤、大冷面……

沈阳人总是擅于利用大自然，哪怕是花儿也可入食。初春时节，榆树钱儿娇嫩，撸下一串儿，揉进面里，成为某一时段每家每户的生活日常，但那是艰苦时期，榆树钱儿不过是为了弥补口粮的不足。但现在，却是为了尝鲜，增加纤维与维生素。端午前后，大街小巷的槐花开了，一嘟噜一串串，洁白可爱，掺进面里揉匀，烙制槐花饼，自有清香留齿。

每到傍晚，夜风习习中，街旁巷尾的串儿摊儿开业了，对沈阳人来说，万物皆可烤。虽然，每个饭店里，无论有名无名的，都会有烤串儿这道菜，但沈阳人还是钟情于小店小摊儿。要问沈阳人究竟有多爱撸串儿呢？有顺口溜为证：大金链子小金表，一天三顿小烧烤，要想夏天过得好，烤串儿绝对少不了。猪牛羊肉小龙虾，深夜凌晨不回家。花生毛豆冰啤酒，不喝趴下不许走。人间自有真情在，把把烧烤人人爱。虽然这里有调侃的成分，但依然有几分形象地描绘出沈阳人对烤串儿的执着。当然，羊肉串和牛肉串顶起烧烤半边天。肉串多半是半肥半瘦，烤到外焦里嫩，撒上孜然和辣椒面，冒着油飘着香，咬一口肉香入味。其次是烤海鲜，烤鱿鱼最受欢迎，然后才是烤鱼、烤黄蚬子。鱿鱼有专门烧鱿鱼须的，会稍微贵一点儿。鱿鱼烤熟的味道，怎一个鲜字了得？而黄蚬子以丹东产的为佳，放在篦子上，等到开口，扒开硬壳，送进嘴里，有一股水儿一直鲜到心里。而烤板筋、烤脆骨、烤鸡胗则是年轻人的最爱。当然更少不了花生、毛豆，喝口冰镇啤酒，那真是透心的凉。

沈阳的男人自古以来是讲究三伏天喝羊汤的。记得小时候在乡下，每年的三伏是一个重要的时令。一口九印大锅架在院子里，女人和孩子们忙着架火，锅里的热气一团团地升腾，那咕噜咕噜的声音响起来了，腥膻味飘得满街满巷。男人们喝羊汤类似于一种仪式，要在密不透风的屋子里，窗户和门都要堵得严严实实的，都是清一色的爷们儿。他们光着脊梁，甩开膀子，可着口地吃肉，可着碗地喝汤，可着嗓儿地大呼小叫，直喝到浑身汗如雨下。这酣畅淋漓的一场透汗出过，筋骨都开了，身子骨得劲了，心里舒坦了，毒素都排了，保证这一年都不感冒、不发烧。

男人们三伏补羊汤，成为一种传统。虽然现在喝羊汤不再是特别庄重的仪式了，但沈阳男人喝羊汤还是传承了下来。好羊汤都是熬出来的，熬到奶白奶白的，再放点儿葱花和香菜点缀，可以自选胡椒粉、辣椒油，一口喝下去，那种舒服是透心透骨的。

大冷面以西塔为佳，酸甜口，清爽宜人。一般冷面上放半个鸡蛋、几片辣白菜，或许还有一片牛肉。面筋道有嚼头，汤爽口清凉，一碗面吃下去，顿时觉得浑身通透，汗也消了大半。

秋天的时候，各种瓜果、各类海鲜，应季蔬菜大量上市，丰富得让人眼花缭乱。

秋天是丰收的季节，连空气中都弥漫着瓜果的香气。沈阳有着优越的地理环境，四季分明，雨热同季，干冷同期，光照充足，降雨集中，造就了沈阳瓜果优良的品质。比如永乐葡萄，无核，皮薄肉厚，甜酸适中，略带玫瑰香味。当然辽中葡萄也很有名气。小梁山西瓜一直占据着沈阳果品市场的"C位"。一到上市时节，大大小小的瓜摊摆满了西瓜，你随时可以在瓜摊前驻足、挑选，抱着西瓜回家。因为，小梁山西瓜永远不会让你失望。西瓜不仅外观亮丽，个大皮薄，而且果肉细嫩，甘美爽口。一家人围坐在一起，大快朵颐，是每个家庭的快事之一。还有寒富苹果也是沈阳果品的主打。辽中属于生态水城、沿海湿地长廊，地产丰富，物产肥美，特别适合寒富苹果的生长，所产出的寒富苹果外观鲜艳，肉质爽脆、多汁，酸甜可口，芳香扑鼻。当然，柳河沟香瓜也不能不提，这瓜外形为椭圆形，表面光滑，节位短，皮色鲜亮，花纹清晰，闻香味甜。瓜瓤乳白翠绿，无纤维便觉细腻，瓜肉风味极佳。好的选瓜人，就像好大夫望闻问切，挑瓜也大抵如此。

秋天蟹美虾肥，正是吃海鲜的好时节。开渔之后，营口、盘锦、丹东海鲜通过高铁和高速均可在两小时以内到达沈阳市场，所以，当早晨你在海鲜市场买到鱼虾时，它们还活蹦乱跳呢！要说最大的海鲜批发市场当属北大营，在这里，海鲜一应俱全，而且价格便宜。吃海鲜有排面的要数大连渔港，多年品牌，有里有面。而小渔港经济实惠，味儿地道，是寻常百姓的最爱。自助海鲜的兴起，推动着沈阳人的饮食新风尚。都市绿洲、兴烨汇、欢乐牧场等数不胜数。

秋天也是沈阳人家常储菜的时节。沈阳人都有储备秋菜的习惯。当大白菜上市时，沈阳的大街小巷满是卖菜的车辆，人们基本上都是一买几百斤，大人小孩儿全上阵。然后便是晾晒秋菜。这是沈阳城最壮观的景象，路边、小区空地、房前屋后、阳台楼顶，大白菜铺满视野，基本统治了沈阳的视觉空间。你只要抬头一望，满眼皆是白菜。当然，还有大葱、红白萝卜穿插其间。储菜大抵是因为沈阳的冬天寒冷，在以前那闭塞的年代，冬季很少能吃到绿色蔬菜，沈阳人储备了一冬的白菜、萝卜、大葱。现在，储的量少了，一是方便的物流可以大量地运进南方的菜，二是冬季大棚里也可以生产绿叶菜，因为就算是最冷的寒冬腊月，也能吃到新鲜的蔬菜，真可谓时代变迁，生活方式也在改变。

冬日里的各种火锅、酸菜汤、东北乱炖，洋溢着一种豪放的气氛，同时，也有家庭的温暖充溢身心。

沈阳人饭桌上的主菜，是这种以"炖"为主的菜。炖菜是沈阳人饮食的主流，可谓当家主菜。火锅是众多食材的大汇聚，与乱炖有异曲同工之妙，吃的就是个红火，图的就是个团圆吉祥。沈阳人深谙"炖"的精髓，在于味，如何入味，那就得考验沈阳人的手艺了。

一棵酸菜，便描述了一棵白菜的前世今生。白菜经过发酵成为爽脆的酸菜，切成细丝，加进白肉、血肠和粉条，小火慢炖，而且越炖越香，便是沈阳人一个冬天最入心的菜品。有菜有汤，荤素搭配，吃得豪气，喝得熨帖。

肉、菜、水的融合，互相释放的营养，互相渗透的味道，真正是你中有我、我中有你，就像中国人的五行，呈现了东方哲学的意味。沈阳人的冬日菜谱，简单，甚至有些粗糙，没有南方人那种精细精致，奉行的却是天地自然的法则。不破坏食材本身应有的品相，不刻意雕琢，让本真的滋味尽情浸没，人与食物有一种天然的亲近，这大概也是沈阳人最朴素的一种欣赏与品味观。

这些都是欣赏的独享对象。对食物本身的欣赏，从古至今从未改变，不过，由于国家的繁荣和科学的昌盛，人类对食材食物的认知越来越深入，自然，赏的角度和层次，也得到了纵向的切入。从五味调和，舌尖和身心的愉悦，到食材本身的营养价值，乃至食物的广泛性的象征意义，都有了突破性的颠覆。

华夏文化，博大精深。吃已经延伸到"道"的层面。"道可道，非常道"是老子的一句话，但是，在各个行业，方方面面，都是上升到一定程度，才会有道的精粹。君不见，有一个常见的形容人的词汇，就是，有道。

吃茬儿和赏味是并行不悖的均衡体现，呈现出吃亦有道的本质和个性。

吃茬儿和赏味，由于年代的更替和时间的流逝，关注的深度和广度也在不断地加深，拓宽。

早年间，以朝代为纪年分割线，俗世中有话，曰：南七北六十三省。这是旧时的说法，南北之间，民风不同，或因地域，或因地理，或因气候和食材资源，形成了各地特色，饮食上的差别迥异。即便是笼统的叙述，也使人心驰神往，说起来让人口舌生津。

形容在吃的方面精绝者，一般后世称为美食家。这是指懂吃、会吃，甚至可以出入厨房，亮出一两手家学承袭和自我研磨的烹饪高手。如果说吃茬儿是从食客的角度说的，那么赏味，就抵达了尊重食物的最高境界。

从这个角度看，吃茬儿易为，赏味却难。不过，华夏地域幅员辽阔，历史厚重，赏味虽不容易，可是，能到赏味这个高度的人，古已有之。

真正的吃界方家，或为名厨大师，或为文坛清贵，或为白领小资，或为民间野夫，并不一定就是面面俱到，从西餐到中式样样精通者。最普通的吃食，往往并不凡俗。譬如，白水豆腐在泰山能称之为三白，宋嫂鱼羹跨千年，不绝于天堂西湖。纵览各地风俗风土，一味可知天下。

美食美器，全因人而变得具有价值。而人的附加值，也因为自身的历史地位而彰显。

东坡肉如此，潘鱼、夫妻肺片亦如是。

旅途兴起，指点处，皆是字词的回音四起。我们便会发现，山水清音，是自然的回声；五味杂陈，是命运的馈赠。

治大国若烹小鲜，这是古人的感悟，民以食为天，这是将吃食放在何等重要的位置。正如此，文字的感受能力和我们这栏目的称谓倒是让人反复琢磨。

一味在，口味可分地域，可知身体的健康指数，可了解人生关山万里中的行程和向往。

沈阳的赏味与吃荞儿，是一座城市的记忆编年史。从食材和烹饪手法，我们会对一个一个过往的年代致意，向味道说出内心深处最挚爱的语言。沈阳的味道，是潜伏在人内心中积蓄已久的冲动和快感；由此，我们会发现，人的内心深处，都住着一个赏味和吃荞儿兼容的合体人。

承袭与余韵

沈阳的饮食文化源远流长，美食元素受地域性的影响深远。

这其中，从清朝早期到民国，绵延数百年的饮食变化脉络中可以看出，一个地域的文化迁徙和民俗民风。

沈阳在我国的东北地区，素来有东三省门户之称。

饮食习俗向来与地域的物产、气候、民俗相关联。

明清以来，游牧民族的狩猎捕鱼，对山珍和野生果蔬的获取和烹饪，逐渐形成了独有的具有地域性特质的饮食风貌类别，而多民族的相互融合，更是使沈阳兼具了满、汉、蒙等民族的饮食特征。

总体上看，沈阳四季分明，春夏秋粮食生长适宜诸多作物，周围的山川河流带来了丰富的物产，大型野兽有狍子、虎、鹿、牛羊、野猪等。山珍飞禽则涵盖了大雁、野鸡、野鸭等诸多品类，蘑菇种类繁多，刺嫩芽、山芹菜、野韭菜、猴腿菜、柳蒿芽、山蕨菜都是常见的野生山菜。鱼类产品，更是浑河周围水系的丰富资源。

世间人等，很多人因为文化和历史文献的渲染，皆以为宫廷之中，都是珍馐美味。旧时文献和民间传说，都会提及珍馐的种类。

说起珍，古有八珍之说。《周礼·天官·膳夫》"珍用八物"，据注："珍谓淳熬、淳母、炮豚、炮牂、捣珍、渍熬、肝膋也。"这其实是烹饪的方法，并非是指菜肴。

按：《周礼》中所言，所谓八珍者，其品则牛羊鹿麋豕狗，皆所以养老者也。后世则侈子龙肝、凤髓、豹胎、鲤尾、鸮炙、猩唇、熊掌、酥酪蝉；迤北八珍：醍醐、虚吭、野蹄、春、乳麋、天鹅炙、紫云浆、玄玉浆。按：酥酪蝉羊脂为之，玄玉浆即马奶。

这些古法其实与当年清朝早期的宫廷饮食关联甚微。毕竟，这是由于地域的风物影响食物的烹制手法和传播的闭塞年代。

食材的自然与随机性，使得沈阳的烹饪最初时，更趋向于简单粗暴，采用粗狂性的烹制手法。烧、烤、煮、炖、熬，都是其主要的形式。

大量的史料记载着这类饮食习惯，让我们得以管窥一斑。而满文老档等诸多文献记载，清前期的饮食宴席，更有北地雄风浩荡的开阔与恢宏。

文献中记载，天命四年（1619年）六月，"往东方收取呼尔哈部遗民之穆哈连一千兵返回。携户一千、男丁二千、家口六千将至"，努尔哈赤闻报，即"出城接迎，搭凉棚八座，备席二百，宰牛二十头，具大筵宴之"。

天命九年春，努尔哈赤率众福晋、贝勒、大臣等往彰义站围猎。当时"彰义站边外之众（蒙古）贝勒来见汗（努尔哈赤）。于边外三里下马，架蒙古包，杀牛八头，置席八桌"。

天命十年春四月，努尔哈赤出沈阳城围猎，亲迎出征东海瓦尔喀部之大军。"以兽肉百份、酒二百瓮、犒赏军士及户人"。还至沈阳北岗时，"为宴请由瓦尔喀带来之户人，杀牛羊四十头，置席四百桌，备酒四百瓮，筵宴军士及户人，饮食未尽"。

清初时期，野外就餐和聚会宴席，都是有别于中原江南地区的特殊饮食习俗。

这些习俗之后由于外地的人口流入，形成了多元化的地域饮食习惯。年节之际，所有臣下包括汉族官员，都会献上厚礼，以食物为金贵。猪、牛、羊，野生的山鸡、大雁、野鸭、虎、熊、狍子、鹿和野猪等，都令人垂涎。

这些看似简单且粗俗的食物，在当时却是极为珍贵的礼品，有的甚至是金钱所买不到的。因为在那个时代，食物以及生存，往往是人们最为关注的事情，是许多生命迫切需要的基本条件。这其中，还受到蒙古族、朝鲜族的饮食习俗的影响。

需要特意提及的是，像米、麦类及黏性食物、炒米、炒面类食物对沈阳早期的饮食习惯，影响很大。

如天命四年，春三月，明金在辽东山区爆发了著名的"萨尔浒之战"。大贝勒代善即命"军士皆食炒面，给马饮水"。在补充体能后，拼力与敌厮杀，最终取得了大战胜利。

我们通过整理文献、查询典籍，可知道，满族传统饮食名品也是经过漫长的演变和融合而来的。

女真（满）族在入关前形成的饮食习惯和膳食品种，极大影响到清朝满族人的饮食，其主要品种也成为北方地区流传甚广的特殊风味。

我们目前根据文献记载和民间流传下来的口述历史记

叙，可以知悉，满族粮食类食品主要有以下一些品种：金丝糕、发糕、太阳糕、打糕、萨其马、淋浆糕、子叶饽饽、凉糕、菠萝叶饽饽、撒糕、椴叶饽饽、盆糕、豆面饽饽、馓子、春饼等。

满族粮食类食物在形成过程中，吸收了许多汉族传统食品如饺子、白面馒头、月饼、腊八粥等的元素。满族还对这些引入的食品加以改造，增加了本民族的特性，使之成为具有满族特点的民族食品。

最出名、最具影响力的必然属"饺子"。饺子，满族称"艾吉格饽"。初一、十五和龙凤日等日子，都要吃饺子。

而受中原江南文化的影响，过中秋吃月饼也是沈阳满族的习俗，沈阳把月饼做得很大，有的甚至达七八斤重。馅料中则会加入北方特有的蜜饯、果仁等物，称之为"团圆饼"。

研究翻阅历史文献、满文老档等资料不难发现，沈阳的食材，多偏向荤食。这和早期粮食匮乏的现象有关，也和寒冷气候的侵袭有关联，其中，不停地摄入肉类、鱼类食物，是为了加强耐寒性，耐饥饿性，增强脂肪。

烹制的肉食食材中，有家畜、家禽，如猪、羊、牛、马、驴、鸡、鸭、鹅等。另一类是通过狩猎捕获的各类走兽、飞禽和鱼类，如鹿、狍、兔、狼、麋、狐狸、雁、天鹅、山鸡、鱼、虾等。

肉食的制作以燔、烹或生胾为主，多蘸以芥蒜末汁而食，早期粮食供应不足时，基本是以食肉为主。

清末以后，民国时期，沈阳开埠，饮食文化向多元融合发展，烹饪美食，多与南方中原饮食融合，口味的咸淡、酸甜，食材的引进和输出，都有了不同的变化和发展。

在有清一朝，并无满汉全席之说，而在清朝灭亡之后，有了宫廷旧人，满族皇室和王公大臣的府邸厨师们的承袭，才有了满汉全席的说法和称谓。这一饮食逐渐流落民间，使得民间的权贵人家和富裕商人都热衷于烹饪席面的热闹和喧嚣。

其中，张学良旧居中的饮食习惯，则是令后人回忆起来，不得不说的一种烹饪美食中的佼佼者。

张学良旧居中的饮食用料讲究，食材一般都是属于高贵贡品级别的，比如，鱼用的是黑龙江鳇鱼，鱼肚用的是大片的广式广肚。干贝都是呈金黄色嫩竹色，鱼唇也为上品，鲍鱼龙须等都必须选用当季的新鲜货。吃熊掌一定要吃现杀的。人多的时候宴席大概菜谱有一二百种，口蘑、圆蘑、松蘑、榛蘑等应有尽有。冬笋、冬菇、鲍鱼、龙须菜等不胜枚举。若有南方客人必然要做几个像样的南方菜。来了重要客人，还会在沈阳"三春"这些大饭店里邀请最好的厨师来帮厨。

这里面，除了讲究的刀功、火候，传承地道外，厨师还需要会做素菜，同时还有素席。冬菇、冬笋、莲子、面筋、萝卜、豆制品都是经常性使用的食材用料。上乘的素席，考究的是素菜荤制，用普通的素菜原料做成鸡鸭鱼肉的形状，几可乱真。

由于季节不同，春天有盘菜：炒洋葱、辣炒四丁、炒豆芽、木须肉、熘肝尖、甜辣炒四丁、酸辣炒四丝、宫保鸡丁、冬笋炒鸡片、炒杂瓣、火腿炒三丝、辣椒鸡丁。碗菜：麻婆豆腐、豆腐烧鱼、家常烧鱼、五柳鱼、炖土豆、酿豆腐干、炖白菜粉条、炖鱼或炖肉。

夏季盘菜：炒青椒、炒蒜毫、虾仁（熘炒烹炸）、炒菜花（或柿子）、熘茄子饼、醋熘青椒、熘土豆、熘豆腐、豆干炒甜椒、青椒肉丁、番茄炒腐片、芹菜炒香干、火腿炒菜等。碗菜：甜口红烧肉、米粉蒸芸豆、米粉蒸豌豆、东坡肉、蒸火腿、蜜汁火腿、家常烧鱼。

秋季盘菜：炒芹菜、炒干豆腐、熘三样（猪肝、猪肚儿、猪大肠）、菠菜炒素鸡、炒全素、冬笋炒鸡片、醋熘莴笋、熘土豆、熘萝卜。碗菜：鸡蛋糕、炖菠菜豆腐、炖全家福、烩干贝、冬菇烧扁豆、烧黄菜、红烧豆腐、豆腐烧鱼、木耳烧腐衣片、酱烧茄子。

冬季盘菜：熘豆腐、熘肉片、红焖鸡、栗子鸡、宫保鸡丁、金针菇山鸡片、姜丝炒鹿肉、雪里蕻笋丝肉。碗菜：炖肉、炖鱼、雪里蕻炖豆腐、狮子头、狍子肉烧土豆、兔子肉红烧豆腐、雪里蕻元宝炖肉、海蛎子烧豆腐。

四季分明，食材贵重。用料考究，讲究刀功。

这些资料文献显示出，沈阳的饮食与美食一直是有渊源，有承袭和背景的。一旦我们走进沈阳，置身于这座美食历史考究和承袭的文化名城中，寻访巷陌市井中的美食源流和衍生的美食元素和余韵，这将会成为生活中不可或缺的美好记忆。

奢华云端上的味蕾

星级酒店，尤其是城市的高端星级酒店，向来是一座城市的门面。甚至，酒店的服务和餐饮，亦被旅行者列为当地是否值得观光下榻的综合考察衡量标准。

沈阳的星级酒店颇多。遍布城市的各个区域，交通便捷。星级酒店中的服务，更是令人有耳目一新的感觉。这类星级酒店，包括一些国际级的连锁酒店，在餐饮上大都独树一帜，有自己独特的菜品、菜系。选择的食材，一般都会结合地方口味和酒店风格，衍生出自制的菜品，在城市中享有口碑和美誉度。

这里，我选择的是坐落在金廊之上的一座星级酒店，从其菜品和软硬件乃至餐饮的综合口碑，加以描述。文字是早年写的，酒店主体风格近期并没有大的变化，是否还会推陈出新，还需要在未来发展中共同见证。

每一座城市，注定都有一处深藏内涵的核心地标。这在不同的时代，必然有不同的指向。沈阳，作为东北的门户城市，给人的直观表象始终是硬朗挺拔，遥想与沉思共鉴，烽烟并举，转眼是流云聚散。叙述现在的沈阳，更多的时候，则将提到这个城市的一个全新的坐标——金廊。

正所谓，金廊延伸南北，万象固守藏锋。

君悦，藏锋之上，卓然不群，自然是品鉴奢华味道的绝佳之选。云端之上，尊享君临赏悦。

"云端漫步，奢华味蕾的留恋"，注定是诠释这家自1957年诞生、1962年上市的全球高端国际连锁酒店，对整个城市的舌尖推出精心美食品质的唯一鉴赏评价。

当然，核心之核心，我要推荐的是，君悦酒店中一个和这个城市的胸襟气度、内含与底蕴相匹配的餐厅——"新奉天"。

这是一个不拘一格的餐饮名店。

在此，奢华美食金玺奖最佳中餐厅的荣誉，仅仅是一种形式上的认同。更重要的是，这是一家能够深深触碰到这个城市味蕾的五星品质的餐厅。

所谓美食，并不简单局限在食材本身和烹饪技法。古人品鉴食材，除却地域的要求，譬如松江的鲈鱼、云南的松茸、西藏的藏香猪、湖北的莲藕、蜀中的豆豉、东北的鳇鱼等诸多食材的选择决定了品质的基础之外，还要有美景、美器相搭配。

在"新奉天"，在君悦，你完全不会因为器皿的残缺和摆放，服务的失衡与欠缺，影响你云端上舒缓的心绪。

而相应的感官享受，是你每一次走进这个餐厅的第一印象。

一个造型夸张的老式壁炉，出现在餐厅的进门处，炉火正旺，让你的心情勃然间和餐厅有了一种亲近的距离。果木烤鸭是君悦酒店自北京王府井东方新天地君悦酒店开店起，就在美食老饕口碑中口口相传的一道新派菜品。

烤鸭，兴盛于京华，传统分为吊炉和闷炉两种，居翘楚者，全聚德、便宜坊两家名冠京华。其后，诸多家角逐首善之地的这一经典名菜，出新者众，持续者鲜。唯有北京君悦酒店中长安一号的全新果木烤鸭和另外一家以创意菜品立世的大董可以与传统烤鸭三分天下。

烤鸭肉质的嫩爽，鸭皮的脆滑，入口即化，乃至搭配的荷叶饼与白糖、面酱、黄瓜条，在口感的掌控和承接传统与现实的平衡上，完美无缺。而提前两个小时的定制，更是将星级酒店的服务无缝衔接，做到了不事张扬的借鉴。

而在这道地道君悦酒店招牌菜品外，柠檬锅包肉也是将哈尔滨的民国名菜推出新意，颇得女士和孩子的喜爱。鲍鱼焖土豆，选择黑龙江地道的新土豆，优质无污染的新鲜鲍鱼，加入独家秘制酱汁，融入其中，文火烹饪，装入精美的器皿碗盘。软中带硬的东北绿茄子，弥补了山水间的浮躁，味蕾中的主食三鲜锅贴，没有滴入肥油的油腻感，入口的松软，猪肉的本味，略略加入的新春嫩韭的提鲜，这是在家常味道中，注入点点滴滴冬日阳光的味道，温情细腻。

人在此间，不由得想起当年我拜访汪曾祺先生时，听先生说过的一句话：读书是人生最大的慰藉，美食是对生活最好的回味。亦想到，先生在书中讲过的小事，家常味道最是难，想当年，名士雅客云集，大多以美食会友，一代玩家王世襄先生，只带了一捆京葱，做了一道焖葱，即令在场者心悦诚服。这是何等雅事。最是寻常菜，创意出新难。当你在一个夜晚，一个午后，在"新奉天"，在慢慢的咀嚼中，楔入美食的精细品质，心游万里，回归本真，融入中国北方的针叶林，纷飞的积雪，湛蓝的海，还有白山黑水的莽苍与细节中流露的温婉和晶莹，微醺意境，当浮乐事赏心开怀。

开放式的厨房明档，严格的食材产地溯源问责，厨师的经传手艺和现代化时尚管理经验，在这个深藏不露的餐厅，得到相得益彰的融合和统一。

在君悦，这是一种常识和通识的协调均衡，在美食，这是一个衔接与推崇。

君临赏悦，宾主尽欢，乐事融融。

美食推荐

沈阳君悦酒店·新奉天中餐厅 地址：青年大街288号甲沈阳君悦酒店27楼

吃小馆儿

　　将吃食由温饱果腹提升到鼎味调和，满足人的口腹之欲的境界，大抵是经过了数千年的演变的。

　　普通人家里，吃大餐的机会远逊于吃小馆儿的次数，久之，吃小馆儿便成了大众赖以"解馋"的一种方式。

　　在我这种独爱吃小馆儿的民间"吃荂儿"看，食物与美味是不分大小的，有小馆子，没有小味道。那不仅是内心的愉悦，滑落到纸上，是故乡与异乡之间，情怀和感慨的归纳与总结。

　　吃小馆儿是民间的叫法，是吃小饭馆的意思。

　　旧时，老北京吃的规矩颇多。仅吃的形式就有"厨行""饭馆儿""饭庄子"等，称呼和叫法不一。

　　光是"饭庄子"就有"冷庄子""热庄子"之分。

　　饭馆儿和饭庄不是一回事，不光是经营的形式大相径庭，就连烹饪出品售卖的菜肴，都是有着严格的区分的。

　　"烩乌鱼钱"出自饭庄子，是庄肴菜，"烩割雏儿"则是饭馆儿的馆肴菜。而庄与馆儿的菜肴，是各不相同的。说起来真的令人摸不着头脑。

　　吃小馆儿见诸史料和民间传说的事情，明清以后，颇多记载。时至今日，还有一些民间传说在为一些老字号和名小吃背书。"一条龙""独一处""宫门献鱼""头脑"，真真假假，不过都是噱头而已。

传说和故事之于美食的功效，可以此类推。

催生这一切的，皆为文字。

长久享有吃小馆儿的愉悦，是人精神纯净的过程。

在我个人看来，未见得这饭馆餐饮的烹饪技巧有多高，食材有怎样的尊贵，更注重的是一个人的随意和安然；更符合的是，小馆子中的独特味道与人生况味隐约中的不谋而合。

就像一个人，寂寞中恰恰遇上了一个懂自己口味的知己，乍相逢，是邂逅，亦像是久别重逢后的慨然兴叹。

三五小菜，一杯浊酒，欣欣然中，自有韵味回荡于心神交汇之处，口舌之间，眷顾与温情，萦绕不散。

有了这种不同的思维站位，我对吃小馆儿的意趣大增，无论海内外哪个地方，行旅之间，我都会对小馆子多有热爱之情。

香港和澳门，是我最喜欢逗留的地方，因为有不同的气质与格调。

去香港吃北角和湾仔的鸡蛋仔和牛杂牛腩，品新斗记的港式点心、烤乳猪，喝兰芳园的丝袜奶茶，捞一碗牛肉粉，加点儿特色的酱料，入口入心。于百年沧桑过眼间，穿街走巷，去澳门老城区徜徉，在大三巴、澳门博物馆、妈祖庙等打卡地逗留，用蛋挞、鱼丸和猪扒包来温润旅行的一日一夜、一餐一食。

我走过不少地方，说到吃小馆儿，算得上是吃遍大江南北。不过，最熟悉的还是我长年居住的城市——沈阳。

自新乐火种，太阳鸟祥，至今，已有数千年的历史。

翻看满文老档，没有人会想到，沈阳吃的习俗中，当地人竟然有吃甜的习惯，清宫中有专职皇庄上的采蜜工。采撷的蜂蜜，供应宫廷，制作萨其马等小食甜品。除了甜品之外，沈阳故宫中尚有十座肉楼。猪肉炒各种时蔬当时皆为皇家嗜好。逢上年节，祭祀天地后，食猪肉猪皮，"吃福肉"也是一项极为隆重的仪式。

考据一下，不难发现，食物的地域性和历史向来是息息相关的。

后金时期，受限于食物的匮乏，沈阳宫廷中一般会承袭旧俗，把到汗王大衙门上朝的大臣，都当作自己家里的客人，以好酒、好肉予以款待。

天命六年（1621年）初冬，努尔哈赤已迁都辽阳城。

在那个年代里，努尔哈赤经常在大衙门召见诸贝勒、大臣。间或会向众人问候："向有群臣每晨服华丽衣冠，上汗衙门或诸贝勒衙门后，煮肉温酒，以赐饮茶汤之礼。"为了表达他对众人的情谊，"着都堂、总兵官以下，游击、参将以上，赴各贝勒衙门当班，并照旧例摆筵"。他的意思是，辽东为富庶之地，每晨君臣共食之礼不可废。正是因袭了满族饮食文化的传承，像金丝糕、发糕、太阳糕、打糕、萨其马、淋浆糕、酸汤子、春饼、苏子叶饽饽、凉糕、菠萝叶饽饽、撒糕、椴叶饽饽、盆糕、豆面饽饽（撒子）等吃食，至今尚在民间的小馆子里流传，这些，都与满族的饮食习俗密不可分。

至民国之时，"三春、六楼、七十二饭店"，更是为人所

拌鸡架

熏鸡架

熟知。

"三春""六楼"是城市历史底蕴的溯源之地;"七十二饭店"是城市的锅气和烟火。由此可见,沈阳是座有老底子的城市。

像这样的城市,对食物的热爱始终绵绵不绝,又怎么会缺失市井间的小馆子呢?

平日里,提及吃小馆儿,从小烧烤串店到小面馆、鸡架煎烤油炸和辣拌熏酱的鸡架铺子,似乎都可以体验到小馆子的独有气质。

麻辣小龙虾是新晋的食品,烧烤、手切羊肉锅子是老早年间就有的承袭之物。大碗的原汤炖牛肉,羊肉羊杂与单纯的汤,令人神驰,不仅仅是存在于西关这类民族美食聚集地。有一些老手艺延续下来的饺子馆,经过一家三代的经营沿袭,已经是嵌入历史的年轮和这座城市背景中的一卷画品技艺皆优的插画了。

甚至,偶尔做深沉于历史的浸没式美食体验,穿越于故纸和云烟中,翻看文献,一些有意无意的记述,发现光阴的流逝并没有完全地抹去记忆和历史。

我长年居住的东北这座城,小馆子颇多。

知名的餐饮馆子,中华老字号,大多也起于小馆子。无论是老边饺子、李连贵熏肉大饼、马家烧麦(卖)这类已经进入殿堂的名店佳肴,还是杨家吊炉饼鸡蛋糕、海城馅饼、海洁灌汤包,都透着城阙的烟火味道。

西关回民市场里有几家老店,我吃了几十年,最熟悉的是寺北王家的炖肉馅饼,从市府大路的路北吃到路南,又从市场中的路北吃到路南,十几岁时,这家店是老一辈人管店，老太太一脸慈善，懂人情、知世故，有时候几句暖心的话，就会温暖一颗略带伤感的心。他家的牛肉是清汤，配上馅饼，一口下去，香气在周身上下回环不散，店里做的菜肴大多是家常菜，最适宜冬日雪后，踏雪而来，三两知己，酒欢人散，事后颇多回忆。

与之一样的小馆子不在少数，可以说得上是多不胜数。个中有独特韵味的，令人经久难忘的，大抵都是因为经营者的用心用脑。食材要挑选得好，人要通透热情，知世故而不世故。

我记得，当年的皇寺广场有家兄弟小馆子，大丸子和滑熘肉片令人回味，有不止一位作家写过其店，多从兄弟情深写起。二经街附近，有协顺园回头馆，也已经开店多年，回头个头可以，馅料饱满，烙出锅香气四溢，一般吃回头还会搭上扒肉条、扒胸口、爆肚儿这类菜肴，肉条是比较瘦的食材，胸口则略带肥，食之令人口有余香。

汪曾祺先生跟我说过，馆子小，味道不一定就小，况且，今时今日的大饭店，未尝不是从小馆子做起来的。

这话，坦然、通透。

美食常有，美食家不常有。

吃小馆儿的本事，是一般人不容易掌控的。除去那些明堂、明档的大饭店，能够解得吃小馆儿意趣的人，才是真正在味道中摸爬滚打过的人。

吃不了大饭店，就去吃小馆儿。

换作是富有阶层人士，吃小馆儿也许是种装饰，对口味调剂的手段，而我辈布衣，吃小馆儿，却是人生常景。

我九岁时，和一个班的同学去过饭馆一次，他买了两碗大米饭一个汤，花了一角二分钱。我和另外两个同学坐在一旁干咂嘴，没法子，兜里没揣钱，只能眼巴巴地看着，抽着鼻子闻着，只剩下两个字：真香。

那是我第一次对大米饭、蛋花汤的直接感知，影响着我多年来的对小饭馆儿的印象。店面不大，但每家都有自己的拿手菜，都有自己独特的味道。所以，我从小就喜欢吃小馆儿。

这之前，我在北京待过挺长一段时间，据父母后来讲，我是吃过东来顺、全聚德一类大饭馆的。或许是人太小，记不得事，我唯一能回忆起来的，是在沈阳北郊前进乡一家小饭馆儿里，和父亲吃过一次很香的饭菜：大米饭，土豆片炒辣椒，一盘西红柿拌糖。这使我在很长一段时间里，把土豆片炒辣椒称为"真正的菜"。原因是饭馆儿里卖过。

少年时的想法简单，真正去小馆儿独自吃饭是待业在家闲居时。

没事，常爱上街，一走就是一天。

少年时，去读书的学校看看，中午、下午，饿了，自己就找个地方对付两口。

日子一久，竟觉出其中的乐趣来。

对比一下，会发现好多奥妙。

天后宫一带，有几家回头、抻面、饺子不错，给的分量也足；中街是大地方，可名牌的吃食，有些已不是名牌的味道了。

花钱，买的是一些名不副实，在平常百姓眼里，不外是冤大头。

于是，吃小馆儿的想法，就更加坚定了。

从城区到县域乡野，小馆子的饭菜，在我的记忆中并不鲜见。

圈点起来，无论是市内的街区还是康平、法库、新民等县域，散布在小馆子中的美食，多如牛毛。铁西的齐贤街，齐贤饺子馆和二合永，风味独特。两家店，都是回族风味。饺子、烧卖、炒菜、拌菜，都是几十年的老店了。饺子一咬一兜油，馅中拌有香油、鸡汤等调料，味道极香。拌的小菜兼有朝鲜族风味。经常有人驱车十几公里来这儿吃饭，饭后难免会说上一句，这都是少年时代的味道了。

这样的感觉，始终伴随着城市与人的生活，一些地标式的位置，都会有小馆子出现。兴华街的成都风味，滑翔的万盛园，青年大街文安路的孔记炖肉，惠工广场的巧炖牛肉，音乐学院、新华广场的熏酱鸡架。南三好街的地段，曾经有一家鑫之鑫的馆子，是丹东口味，就是那么几道菜，其中辣拌小赤贝，到现在都令人留恋和回味。和一位搞建筑工程的老总外出吃饭，兴顺街附近的一家红蔷薇春饼店，吃起来软香酥甜，可口而不碎，别有一番风味。和他家同品质的是云峰街的有晴园春饼店、中街张氏旧居附近的老好吃春饼店。肇工街路边摊子起家的关小串，总店在肇工北街上，起始于路边的烤串儿摊子。周围小区的吃客给力捧场。食材地道，滋味独特，老板为人很好。有几次冬夜打车去吃，下了出租车，没带零钱，老板竟然告诉老板娘先给食客付了车费，吃完一起算，做人做事大气。那时候，我就想，这买卖能够越做越大，有格局、有出息。

后来，路边摊改换门庭，变成了街边店，一下子就开了二层小楼，楼上楼下的店，烧烤、麻辣烫、一些精心调制的拌菜、烤鱼，味道没变，价格依旧，口口相传，赢得了不少周边喜欢烧烤的人的追捧。

问过老板，得知，一晃近十年了，当年跟着师傅学厨艺，后来从外地来沈，定居于此。先是开饭店，后续访师问友，借鉴于同道，才结合了本地人的口味，调和出兼容锦州、鞍山、海城，吉林、黑龙江等不同地域小串儿的独有味道，由于为人厚道、处世规矩，做事严谨精细，店里的生意自从开了总店后，越来越好。到目前，已经在铁西圣工街、皇姑等地，开了好几家同名小店，都叫"关小串"。

当然，沈阳城中最集中的特色店街区，还有"西塔"和"西关"，都是民族美食特色街区的标志性地域。

蚬子面，就在西塔。面是刀削面，煮汤的底料是蚬子，经过浸泡，吐干净沙子的蚬子，味道极为鲜美。我很多年前就吃过，位置属于西塔图们街区域，距离我以往吃了几十年的太白山烧烤店不太远。有几次，从太白山吃完烤肉，沿着胡同儿小街走，遇见过不少媒体人在此聚会。就知道，这地方颇受文化人喜欢。

店起初不算太大，但比起那种一间门脸儿的小店，还是宽敞不少的。蚬子面、辣白菜、酱肉、刀削面，依稀记得最初的食物就是这些。还隐约记得，这店里，很有朝鲜族的特色，吃桌低矮，吃的时候，一桌人是脱了鞋子，围坐在一起的。不过，年代久远了，记忆也可能有偏差，不过虽然这些年吃得不多，我还是要将这个店，作为吃小馆儿的重点来推荐。有特色，价位合理且亲民，吃过后，有意蕴悠长的感觉。

在一座老工业城市，美食中深藏功与名一类的小馆子，是少不了城市重工业底色的。这类店定是藏在老工业街区的老宿舍和老住宅区内，砂山砂阳路上的家顺大肉面就是其中一家。家顺大肉面，在砂山。熟悉的人会说在砂阳路上，多少多少号。不过，现在有了导航，搜一下这类的美食店，已经不是太难的事。砂阳路，这地名一听就有机械工业的质感，有着厚重的重工业底蕴和年代感，这地方的居民，原先大都是厂矿的职工家属，周围的吃食，偏粗犷，呈大开大合的气势，作息时间极为随性，据说每天只开几小时。

菜的种类不算多，特色是大肉面。到了饭点儿，人气爆棚。有的人吃饭，要的就是这个感觉。鲜肉面、大块肉、熘肝尖、偏口鱼、溜肉段、铁锅炖豆角，都是老城区当年的味道。让有记忆的人，重新陷入回忆之中，吃过不免有唏嘘和想念之感。

也有的店，跻身于老城区历史文化之中，店虽小，却不是本地氛围与风味，也同样令人食之有味，津津乐道。就比如，八纬路街巷中的余丞记川渝面馆。

这家店在城市核心的历史街区南市场左右，八纬路附近一条僻静的小街上，一百年前，这地方是最早开埠的商圈，周围民国老公馆林立。不过，这家店开的时候，周围的八经街咖啡馆一条街尚未兴起，我当时经常去附近的报社、杂志社，偶有闲暇，特喜欢在周边闲逛，走一走，看一看。

我尚且记得，当年，附近相邻的小街中，还曾经有一家专门卖红烧肉的小馆子，只是后来消失了，没有见到。唯一有的是这家小面馆，依旧生意火红。我到现在都不得不佩服经营者当年的敏锐洞察力，竟然有远见地在这里开了这样一家店。他家店，店面不大，用沈阳本地话说，这是里外屋的格局，老式楼房的格局。门口有人热情地打招呼，进屋以后先有瓜子一碟，最有意思的是，川渝面馆，被食客热门推荐的菜里面，人气指数最高的竟然是风味炸鸡架，由此看来，这是已然融入沈阳特色的美食元素了。

面的味道地道，凉拌麻辣牛肉面、肥肠面、豌豆面；卤牛肉和肥肠，有着川渝的风味，一面入口，一碗入腹，人间清爽和味蕾上的欢愉，都在这街巷深处，慢慢地升腾和盘旋。这在寻常城阙中，俨然有悠然旷远的意味了。

朝天门、解放碑、洪崖洞，瞬间涌上心头和脑海，这是很巴适（舒服、很好）的事。

使人留心的是，小馆子里，专营或者以饺子为主食的店，极多，几乎可以达到家家都有的地步。这种现象的出现，或许是因为饺子文化和当地渊源颇深的缘故。

随着人的视野扩大，吃小馆儿便就添加了吃新奇的欲望，从北到南，相距越远的地方，食物越有吸引力，别致的潮汕小馆子，很小的店，也开始出现在北方的城市中，像极了在潮州和汕头揭阳等地吃过的潮汕小食。虾仔捞面、贡丸竹升面、葱油蛾螺都极具特色，一下子，就让人回到了那个豪爽、爽气、美食如云的南国老城区。想到了广济桥，想到了"十八梭船二十四洲际"的独特风貌，想到了牌坊街边的小吃美食。

吃小馆儿，吃的是八方风物，十方人情。

是人情世故，是故乡到异乡的通途，也是光阴轮转后，中年人向青春少年时的致意和欢喜。

小馆儿不似大饭店，靠的多是回头客。失去了回头客，生意就不能红火到哪里去了。

吃小馆儿，是普通人生的一种常态美好。

取其精华，去其糟粕。别的嘛，看自己的口味了。

吃小馆儿，好的味道，就像好的字词，始终积蓄在人生的怀远和不动声色的想念中。

想念什么呢?

每个人，各不相同。

火锅红火

火锅是国民的心头好。

从南到北都有追随者。

嗜好的人，甚至说，几日无火锅，人就没有了精气神儿。

在烹饪技巧上看，火锅的食材丰富，烹饪的技法，则可简单归结于涮肉，本意是洗涤。

元人《饮膳正要》中提及元人嗜好牛羊之鲜，而厨界亦有火锅源自成吉思汗行军途中的突发奇想。其实，在春秋以前，殷商时期，已经做到用青铜器皿祭祀和宴饮。而有文献记载的大多认为出自东汉。因为有实体文物出土，也有《北史》说北方有"獠"这个民族，喜欢食火锅，铸铜为器。及至唐朝，火锅用陶瓷制成。白居易那首诗歌，端的有名。"绿蚁新醅酒，红泥小火炉。晚来天欲雪，能饮一杯无。"说的就是有暖炉之称的火锅。

往事越千年而不衰。唐诗中的意境，绵延衍生。近年，更是有星星之火燎原之趋势。

冬日，是吃火锅的好时节。

小雪初晴，最是清丽动人。

一年最爱首尾，这时令，心底大多会带着小期待小梦想，然后在雪后泛着月光清辉的夜晚慢慢地憧憬一下。

美好的食物自然也是其中一个环节。

符合年代感的首推羊肉，这个美食矩阵中不可或缺的元素。

中国人讲究的是天干地支，十二时辰，也讲究十二生肖和属性。

十二年一个轮转，食物中和羊肉相关的菜品颇多。这其中最为南北大众饮食习惯所接受的食用方式，当属火锅。南方的是菊花锅，打边炉。北方则是羊肉酸菜、白肉血肠，中原一地，盛行的是红焖羊肉。蜀地的鸳鸯火锅和牛油火锅则让人在沸腾的颜色间，感受到羊肉的香气和本味，大多会直抵味蕾的迷幻和明媚。

从这个层面上看，火锅当属美食器皿中的国器。说到对羊肉火锅的至爱，南北皆宜，老少均沾。

在北方，嗜好羊肉火锅的人可谓数不胜数，每当此季，说起吃食中的羊肉火锅，饕餮一样嗜好羊肉者，痴迷者，大有人在。

火锅四季可食。

在沈阳，最佳的时令，必定是在隆冬大雪之时。这或许是当年这一地域民族在渔猎时代养成的习惯使然。冷是真的冷，嘎巴巴的隆冬天，抑或大雪封门，总需要一种热腾腾的氛围，一家人团团围坐，才能感受到内心的火红温情。

蘑菇、羊肉、牛肉、哈什蚂、鹿肉、白肉血肠、酸菜、暖棚里出产的翠绿的蔬菜，江河湖海中的各类鲜货，都在不约而同地选择火锅作为呈现的方式。

到了这个时段，我会有N种选择。

我最先选择的是，君悦26楼的曝火锅，坐在窗边吃饭的美景图片早已是名震沈城。

如果单单是为了预定靠近窗边的大台，想在这个城市的空中俯瞰繁华都市的那一种霓虹夜色，还需要一点儿运气的成分，因为，这个时候的窗边大台子，有可能早早就被预订出去了。

我喜欢在这个位置品尝美食。

我向来觉得美好的食物一定要有美好的环境来匹配。桌子不简陋不寒酸，放得下所有的菜品。你不必担忧匆忙中盘子叠放在盘子上，你所有的注意力，不会被这些琐碎的事情所取代。你的一切，只为眼前的羊肉和涮品所吸引。

锅子上来了，带着浓郁的肉质香气。所有的故事，是从这一锅浓香的羊蝎子火锅开始的。

菜品是可以选择的，终于摆脱了固有恪守的羁绊。不是简单的羊肉和青菜之类的普通食材。满满一整页，从海鲜拼盘刺身、三文鱼刺身，乃至斑鱼、龙虾、八爪鱼、象拔蚌、帝王蟹等，你觉得，这才是火锅中的奢华所在。当然，这是毫不张扬的一种不动声色，就像君悦自身的品牌。

火锅的锅底，自然要选羊蝎子，但和以往那种散发着中药味道的羊蝎子火锅，是决然不同的，这里面的药膳味道，已然不在。羊肉入口，带着本真的味道，这才是嗜好美食的人，心底的那一种念想儿。开始涮羊肉了，从眼肉到羊排、肋卷，羊身上的所有部位，都有一种让人欣喜的冲动。这冲动，是人对食物的原始欲望，而当下，物质极其丰富后，不能不说，这还是一种可遇不可求的机缘。

契机无处不在，羊肉来自内蒙古。这是草原和辽阔天空共同的痕迹和包容。试着将肉品放入调好的青瓷小碗，迥异的风格味道让品尝者味蕾战栗。韭菜花浓郁的香气，海鲜汁夹杂着泰椒、剁椒的妖艳，都是我眼中、口中近乎迷离的冥想。

当然，沈阳的火锅，红红火火的不止这样一类。

成百上千，甚至更高数字的火锅店，遍布在这座城市的大街小巷，市井胡同儿。高价位的以食材见长，海鲜、珍稀食材——哈什蚂、黑松露、深海鱼片，都可以入此一锅。而平民的口味，同样令人着迷。白菜、豆腐、酸菜，以及入选非遗的新民特色——白肉血肠，自古就是有火锅最佳食材的位置。冻豆腐和蘑菇，都能显示出北方的元素，蛎蝗、冻的内蒙古羊肉卷、刨的羊肉片和手切的鲜羊肉，更适合家庭融洽的氛围。

样式的杂陈和食材的繁多，是沈阳地域火锅字眼出现频繁的原因之一。

人的口味不一样，选择的火锅的地方性特质自然不尽相同。

食，不仅在星级酒店，更多的时候，在巷陌市井。所以，我对火锅的钟爱，不只局限于一地一处。

多年的饕餮寻访味道之旅，让我对沈阳城内火锅的不同种类和店家，有着不止一种的多元性选择。

据我所知，当年比较早出现在沈阳的四川火锅是位于皇寺广场的"川夏火锅城"。他家的红白鸳鸯锅一入沈城，就引人注目，称得上地道正宗。

火锅调料和各种吃食都是从四川运来的。川小伙儿、川妹子做服务员，川经理、川厨师款待宾朋，执掌百味。据川夏火锅城钟晓岩经理介绍，早在西汉扬雄的《蜀都赋》就已有川菜烹饪的描述，而川味的烹法在清朝乾隆年间已达三十八种。对于主打大锅兼营川菜和风味小吃的川夏火锅城来说，则有"菜格百菜百味"的特色。所谓百味并不是过分夸张美誉。咸鲜、麻辣、鱼香、姜汁、胡辣、甜香、红油、荔枝、椒麻、芥末、怪味、香糟、陈皮等调料烹制，飘香醉人。

川锅尚滋味，好辛香，单讲辣味，就有不同的几种：泡椒、水红辣椒、干辣椒、熟油辣椒等。至于应用，当年的川夏火锅城的厨师会择善而用，像鱼香辣味就用泡椒吊味。

红白鸳鸯火锅的涮法，牛百叶、鸭舌、鸭肠、毛肚儿、香肠鳝鱼、腰片、泥鳅、大青菜、生菜等，皆可涮食之。加上纯鸡汤、配好的枸杞、大茴等食疗佳品入锅底汤，既有开胃之功，又有滋补之利，能达到不温不燥的补益，佐之以龙抄手、担担面、赖汤圆、醪糟、夫妻肺片、灯影牛肉等风味小吃，更是如品味醇厚的中国文化一般。

比较起当时川锅的稀缺和一锅难求，现在的沈阳已经是遍地川味，甚至可以说，无街巷，不川锅。

月满大江、鼎汇丰、蜀九香、渝井巷、朝天椒、三块五、老板凳，一家家极具川味蜀中风情的火锅店，令人心驰神往，犹如到了锦官城之中。

正所谓，一更山水，百味杂陈。蜀地巴国，十里锦城。

川渝之地，山水形胜得造物之天工，美食小吃如云，似雨后春笋。

山清秀而奇峻，食材遍布，不乏方竹笋、菌菇类一隅精华，水绵软而湍急，养河鲜江鲜之珍奇。

众生居福地，味道藏巷陌。宽窄巷子，巷子深深深几许，川渝火锅，锅锅麻辣香却经年。

蜀中水土养人间生灵好女子，捞起一筷子毛肚儿、黄喉、嫩牛肉，自难忘"府河人家"，辣味川香情义绵延。经年自回眸，才知道这一麻一辣是川味本源。时光百千转，味蕾锅中红滟，沸腾一冬一夏一春一秋，一方锦绣，万里江山红月圆。

颜值与食材的鲜嫩香软相对照，食物本身和锅底的底料所对应。于是有了这行千山，不失成都原住民世家传承的地道"及时行辣"火锅的锅旺汤浓，入口麻、辣、鲜。

商周时期，青铜铸鼎，调和百味。前后《蜀都赋》纸贵世间，扬雄、左思文字华丽，古意盎然，山野食材，江中鱼鲜，皆入字句段落。写尽蜀道巴国饮食习俗豪门市井之节点。待到有清一朝，满族人习俗嗜好牛羊更是将各类火锅的食材和吃法发扬光大。及至民国，二十世纪二十年代初，火锅在市井巷陌已成规模。悠悠百年，光阴再荏苒，推陈当出新。及时行"辣"，依托府河人家品牌，在锅底蘸料等细微处着手，精选食材，形成格局一新的新派火锅独有的韵致。

麻辣有致，程度可增减，及时处，口舌生津，行辣时，快意人生，忘忧之功效，饕餮之惬意，尽入这一锅浓汤几多涮品。

品川渝火锅，品味家国情怀、山川精华，免不得美食入口，美景入心，从一味一菜，蔓延至一地一山一水一城。于是，宽窄巷子的古意，蜀锦里的暗夜喧嚣，灯影里的三国皮影，草堂中的唐诗佳句，武侯祠内的风云争霸论春秋大义，谈笑间，只赋予我眼前的这翻滚的汤水，浮动起落的各类美味。

火锅可不仅仅是川渝火锅。

寻常可见的，还有京味火锅、满族火锅、巴蜀火锅。还有菊花锅、打边炉等深得火锅之味。

虽然现在春夏秋冬四季都可食火锅，可是，到了上冬，沈阳城里，吃火锅方可算得上是应季的乐事。

这当儿，人们会从地域和食材入手，挑选适宜自己口味的火锅。

地道的满族火锅、老北方的东北火锅、本土手切鲜羊肉的徐记手切羊肉铜火锅，让人重回当年的热炕头围炉而坐；京城京味的阳坊涮肉、杨大爷涮肉、东来顺、便宜坊、口福居，让人不得不称赞一声"地道"；来自巴山蜀水的重庆火锅——渝宗巷子、重庆市井火锅、月满大江、蜀九香、鼎汇丰，成都火锅中的小龙坎、大龙焱火锅，自然令人有酣畅淋漓之感；而本地盛行几十年的美津火锅、彤德莱，更是熟悉得令人牵引出满满的回忆。

群雄逐鹿，一时瑜亮，各不相让。在沈阳吃火锅，可以体验到各地不一样的风情民俗，知晓了解从食材到嗜好的偏向和地域的差异化饮食迭代。这其中，略微新奇的是菊花锅，还有的就是，近似于火锅，却有着广式粤式火锅样貌的打边炉。都令这一座城市，在四季不同的月令中，生出些红红火火、沸腾的意味来，看上去充满了温馨、和睦与美好。

最值得一提的，是沈阳的酸菜火锅。

与重庆的麻辣火锅不同，与北京的羊肉涮锅不同，与南方的海鲜火锅也不同，沈阳火锅与当地食材最密切相关的，那就是酸菜。酸菜在沈阳可谓冬季硬核菜，每到深秋，沈阳的大街小巷全是卖白菜的大车，沈阳人买白菜动辄几百斤，晾白菜更是壮观。道路两旁、阳台草地，大白菜见缝插针地布满了所有空地。每家一口大缸是必备，洗净白菜，一层白菜一层大粒盐，水没过菜，压上一块大石头。经过发酵之后的白菜便成了酸菜。

传说成吉思汗大军常年征战四方，官兵吃烤羊肉太费时费力，他就让人把羊肉切成小块放进滚烫的水里，于是火锅就诞生了。当然还有其他的火锅起源说。但我认为在北方吃火锅再合适不过了。沈阳地处北方，冬天气候严寒，一年有九个月都可以吃火锅。火锅底下有火，架上锅，人围火而坐，火烧旺运，吃得火热，聊得开心，这是沈阳冬季一家老小最爱的食品。

沈阳有句俗话："家里的火锅子，家外的车伙子。"是说东北人在家里离不开火锅。在外，冰天雪地，需要车子。有了这两样，吃好了喝得了，大雪天出门有车，满身的热量，满心的欢喜，日子就能在严酷的自然环境下过得有滋有味。

沈阳的上等酸菜火锅是有讲究的，讲究什么呢？就地取材。山野林间，山珍海味，广袤的东北大地生长着各种菌类，河流里游动着各种鱼类，离沈阳不远处就是渤海，更不缺上等的海货，不仅口味独特，还营养丰富。

上等的火锅，黑龙江的白鱼、蟹腿、蛤蜊、鱼翅，渤海湾的刺参都可以涮火锅，这是海味；山鸡片、哈什蚂，也就是北方林中特产；还有的就是周围山野中的蘑菇，红蘑、元蘑、榛蘑，营养极其丰富。以至于当年很多外地人到了沈阳，都会讲究地吃个锅子，沈阳锅子。

沈阳锅子很好地继承与发展了东北乱炖的传统，一切皆可涮。你别管它是天上飞的、水里游的、地上跑的，统统都可入锅。但有一点绝对硬核，那就是在沈阳人心目中，真正的火锅底子必须是酸菜。酸菜锅最搭配的食材就是白肉、血肠、冻豆腐、水晶粉，一听这几个名字就有了视觉效果，白的肉红的血，带蜂窝眼儿的冻豆腐，晶莹透明的粉条，里面要放点海蛎子调鲜，有时也放两只一劈两半儿的螃蟹，当然，还要备好牛、羊肉卷。要有人问酸菜有什么好吃的呢？沈阳人就得意这口汤的鲜美。如果从科学的角度来说，现在的人们往往都预防"三高"，那酸菜汤专门降低胆固醇和预防脂肪肝，而且酸菜还能中和那些油腻，沈阳人管这叫"刮油"。

所以在北方，各种火锅、涮锅都无法和酸菜锅子相匹敌。还想单说说酸菜锅子的程序和别的地方少见的食材呢！猪五花肉切薄片，符合地域吃肉的习俗。沈阳血肠，以新民的最有名，将肠衣过滤，把猪血加入咸盐沉淀。把血清调味，灌制像普通的香肠一样，制成之后，就可切片，血肠和白肉，对比的色彩鲜明，摆盘时，十分好看。自己家腌制的酸菜切成细丝，考验的是刀功。一圈人围坐，炭火正旺，大瓷盘子里的食材，一样一样地码好，又一样一样地投掷，对准了紫铜的火锅，鲜羊肉、冻豆腐、水晶粉、大片的元蘑、暗红的还没有开伞的红蘑、墨斗仔、生蛎蝗、鸡肉片，都会依次投入火锅。这时节，屋子里热气腾腾的气体从火锅中升腾起来，窗子上、锅子上，人们的脸上，都是喜悦在洋溢。那一碟子一碗的调味蘸料，有当年出的鲜韭菜花，有海鲜汁和鲜红的豆腐乳汁，也有人喜欢麻酱，烘托着火锅中滚烫的食物在浮上浮下，未入口，已经是垂涎欲滴。

食不厌精，不是句空想的话，在优雅的环境中享用火锅，食材和味蕾，令人痴迷和愉悦。间或，身心松弛中，感受到这种语言中的光泽浸染食物的一张一弛，舒缓有致。

我曾经和友人说过，吃火锅的意境，到了一定的程度，确有寻山中隐者的感觉。

一锅沸腾，你看不见浮云，但是你可以领悟到浮云背后的山溪花树。

你听不见鸟鸣羊群的悠远，但是，你的心会在食物的缝隙滋味里，看见自己的有些潮湿的心。和传统的八大菜系不同，火锅，更像艺术品中的常态艺术。非奢华首选，当以丰俭由人，若只认俭，易陷粗陋不堪的窘境，若只倡丰，会令菜品食材的奢华无度，终究难享食材的天然本味。

不见奢华，却时时感受到这种食物本身释放的印记和目光，才是很多人在品尝火锅后，体悟到的最具魅力的一抹明亮。

四季更迭，春秋冬夏，时间的背后，我们如此热爱着我们身处的这一座城市，国民的通识和共爱的美食仪式感，都是从这火锅的沸腾锅底和丰富美味的食材中开始孕育诞生的。

静下心，细数着火锅的陪伴岁月，有感慨和内心的幸福感渐渐升腾，如此，怎能不爱那一锅浓香四溢的火锅和自我慰藉的惬意。

吃火锅，感受这天地间造物弄人的不可捉摸。

方可知晓，火锅不失家国味道，是最能代表中国气质的一种象征和标志。但是，火锅也绝非只认达官贵人，不近平常百姓。当下沈阳，天下美食，大多可寻踪迹。火锅更是这个城市入眼最多的一种招牌上的渲染。从一间门脸儿、半间铺子的胡同儿清水锅小店儿，到飞檐拱脊、仿古大宅、三进院子的全国连锁名店，再到各类私房馆子，星级酒店的名厨监制出品，真可以说上一句，往来无白丁，开锅即名士。这所有的火锅种类，涵盖了南北各地不同的风格和味道。无论是食材还是性价比，你绝对不会认为，这火锅同小面一样，原本是贩夫走卒的个人嗜好，在沈阳，不存在高昂的价格使客人望而却步。

细细品鉴，一点一滴，一锅一品，一菜一味，一厚一薄，体验的是，火锅的个中滋味，味里乾坤。

火锅店推荐

徐记炭火铜锅手切鲜羊肉 地址：南六中路与齐贤街交会处 等

美津火锅花园 地址：黄浦江街24号5、6门 等

额尔敦传统涮火锅 地址：哈尔滨路168号 等

渝井巷重庆老火锅 地址：南关路南关小区41-2 等

海底捞 地址：营盘北街7号沈阳招商花园城购物中心3楼 等

东来顺 地址：市府大路290号 等

阳坊涮肉 地址：兴华北街36甲号6、7门 等

京福华 地址：黑龙江街25号 等

声声肥牛 地址：小西路43-5号 等

三块六 地址：湘江街35号 等

彤德莱 地址：十三纬路125号 等

若琳饭店 地址：安图北街与珲春路交叉口 等

华鲀河豚鱼料理　地址：崇山东路49号甲4-1门

玄虎河豚·日本料理　地址：青年大街嘉里城4层

伊斯美　地址：北二经街81号　等

鼎汇丰重庆老火锅　地址：浑南新区浑南二路1-E号　等

奉川老火锅　地址：太湖街18-3号

陈火锅　地址：南堤西路369号16-18门　等

沈辽涮肉火锅　地址：沈辽中路37号　等

辽蒙泉水涮肉　地址：北热闹路84号　等

尚祝家毛肚火锅　地址：东陵路28-11号3门　等

焯牛潮汕牛肉　地址：兴工北街104巷与云峰北街交会
处　等

掂档潮汕牛肉火锅　地址：长白北路199号4层

杰明记冰煮羊铜火锅　地址：沈河区十一纬路202号

相聚珠江火锅　地址：岐山中路68号

街区美食地标

城市的布局是有特质的。

每一个区域都是有规划布局的，而自然衍生形成的美食的属性，更是契合着地域的差异。对沈阳来说，所辖区县，美食的分布藏于市井，藏于巷陌。有的红火光鲜，有的低调奢华。不同的样貌，万千的姿态，都与餐饮的形式和食客的嗜好相得益彰。

除去中国最早的商业街中街，百年历史风华的太原街和南北市场这样的区域，更多的时候，我们喜欢探寻和执着其中的是那些似乎不起眼，一条条小街小巷里或者是胡同儿美食地标。而对于沈阳来说，有许许多多的美食打卡地值得人徜徉、眷恋和在遥远的异地他乡深情地回望。

请让我们走进这十二条街区和市井巷陌，逐一领略和体验它们的韵致和风华。字词中的美食赞赏，舌尖味蕾回忆追记时的叙述章节，是对这座城市最柔软的心动。

一、会武街

这条位于彩电塔附近的小巷子，它的名字，就能让人感受到它的活泼好动，能文会武，亦动亦静。而当你踏入会武街，就会发现这里聚集了各种文艺气质小店以及各种美食小店，一种青春的气息扑面而来。每一家店颇有设计感的装修风格和谐地组成了会武街的独特魅力。闲暇时来气质小店逛逛，选一些小物件，吃一顿美食，喝一杯奶茶，再去彩电塔夜市走上一遭，幸甚乐哉。

当然，这里可不是徒有其表，里子足够好，才能让来的人满意而归。美味无大小，即使菜式简单，没有五星级大厨的刀功和技法的雕琢，但是味蕾中迸发出的灵动感知，也可以让食客获得幸福感。

如果你想吃肉，喜记牛腩或许是个不错的选择。这是坊间评价颇高的一家小店，店铺虽小，但有一股浓浓的文艺气息，与会武街的一众文艺店铺相得益彰。牛腩肉切大块炖煮，但是口感却特别软烂，这与肉的品质与部位选择，以及烹煮火候、时间都是密不可分的。挑选嫩而无筋的白萝卜，将炖煮牛肉的汤汁尽收其间，一块牛肉入口，获得对于肉质的充分满足，再一口萝卜，则又是一种回味的空间。若想让这份回味延长，也可以单点一份上汤萝卜，尤其是北方天气转凉之时，一碗下肚，荡气回肠。若非一人前来，也可以搭配几样小菜，狼牙土豆或是郊外油菜，当季小油菜先是白灼。白灼其实是粤菜的一种烹饪技法，以滚热的清水淋上一点儿油，将青菜烫熟，既保证了青菜油润嫩绿的色泽，也将食物本身的清鲜定格，再淋上一点儿豉油上桌，清爽解腻。店中还有一道隐藏款甜品——苕汤圆，据说是老板娘的老家贵州土城的小吃，外皮由红薯制作，内馅儿是猪肉和豆腐，如此奇妙的组合一定别有一番风味，不过吃不吃得到要看运气。

对于肉食的追求，除了简单的满足外，也有更高规格、更具仪式感的料理，比如中国各大菜系都有对肉食的精彩诠释。西方对于肉食的理解为煎牛排或是伊比利亚火腿，而到了东北，烤肉绝对算是对肉食追求的主流。

屋里烤肉，听起来颇有些东北风的名字，屋里，在北方总会给人一种家的温馨与自在。这种东北的本土亲切却撞上了满满的韩风装修，不得不说，给人一种穿越的错觉，门口自带一个小露台，夏天可以在外面和朋友小聚，拍照也很出片。在菜品上，也透出些创新的味道。自然熟成五花肉，色泽焦黄油亮，味道微辣中带着鲜香；慢板棉花糖牛五花，棉花糖造型，成了女生打卡的最爱，浇上果汁，让肉显现出本来的模样，颇有些神秘仪式感；七彩肉宝肠，小香肠颜值很高，一个颜色一个口味，好吃又好玩；会长的罗勒口蘑，口蘑烤过以后满满的汁水，搭配罗勒叶的清香，提供给食客另一种不同的味蕾体验。

除了有在面前演绎火与肉之歌的烤肉之外，也有适合朋友小聚吃串儿喝酒的名店——壹酒贰肉1926·深夜食堂，店如其名，营业到深夜。点上一份招牌的香叶鸡脖、鸡爪子、麻辣龙虾尾、椒盐龙利鱼，或是各式烤串儿、麻辣烫等。喝酒前，先点上一份蘸过蛋液烤制的面包片，味道香浓，给这个不醉不归的夜晚备好一份精致的前菜。总有那么一个人能陪你喝酒聊天，相伴到天亮。

在会武街这样文艺的街路之上，私房菜定是少不了。泊月，从名字到环境都很有意境的店。如今很多的创意私房菜都是虚有其表，内在不足，不过这一家店却给人一种意外之喜。菜品令人惊喜，味道也不错，很见老板的心意。潮汕原汁焖牛肉，大块牛肉，入口即化却又很有嚼劲儿，下面的一层南瓜香甜解腻，与牛肉汤汁完美融合；椒盐藕片，藕片外薄薄一层脆皮，里面保持了藕的鲜嫩微甜；百香杧果浆宝鸡，百香果汁是这道菜的精髓所在，让菜品整体上呈现出酸甜酥脆的口感；麻汁莜麦菜，莜麦菜冰凉脆爽，在酱汁的点缀下，演绎出浓郁的芝麻香味；脆皮炙大肠，外皮酥脆，里面很筋道，完全不油腻，蘸水微微麻辣，再配上蒜片，瞬间给人一种置身于市井烟火之中的错觉；红油雁唇，香脆可口，微麻微辣，搭配红油香菜，口感极佳。

推荐美食

喜记牛腩 地址：会武街20号4-1-1

屋里烤肉 地址：会武街62号

壹酒贰肉1926·深夜食堂（领事馆店） 地址：会武街36号甲1门

泊月私房菜 地址：会武街1号

渝宗巷子重庆市井火锅 地址：会武街38号

杨师傅过桥米线 地址：会武街38号

名之家紫菜包饭 地址：会武街42号

二、十三纬路

十三纬路是距离彩塔夜市最近的一条主干道。彩塔夜晚灯火辉煌，与十三纬路的烟火气息相映成趣，构成沈阳夜晚的独特风景。

市井烟火气总是少不了火锅的热气腾腾与川菜的辣意畅

快，那种红彤彤的颜色在这一方土地上备受追捧，似乎只要是有了这抹颜色的渲染，无论是否是节日，都有一种与家人、友人相聚的浓浓氛围。

彤德莱，一家来自大连的老牌火锅连锁品牌，名字上即带有一份节日的喜庆。特色虾滑、秘制嫩牛肉、精品肥牛、大刀手切羊肉、油炸豆皮……菜的品质一如既往，伫立在彩塔夜市的一头，玻璃窗里的红红火火与窗外川流不息的人群互不干扰，各成风景。相较处于喧嚣中心的彤德莱，另一家同为连锁火锅店的红菇坊则显得更为自在闲适。养生金汤小米鸳鸯锅，为来这里的食客提供了更多的选择，红油的辣与金汤小米的温润滋养相结合，自成特色。红菇坊秘制滑牛、坊间秘制虾滑、牛魔王过火焰山、奥尔良风味鸡肉等菜品也与锅底相得益彰。无论是彤德莱，还是红菇坊，在如今灿如星河的餐饮市场上，在众多新兴的各式火锅品牌中，都显得朴素而低调，性价比或许也成了它们能在这市井繁华之地撑起一片烟火的理由。

巷里成都川味小馆儿，店如其名，穿插在山东庙巷之中，店小却不简陋。水煮鱼、馋嘴蛙、麻辣小龙虾、炝莲白、重庆辣子鸡等各式川菜齐全，这股火辣的香气，也让十三纬路上的烟火之气延伸至此。

市井烟火，从繁华喧嚣直至夜深人静，繁华退去，这是时间的轮回，也是人生的处世哲学，能受得了人前的觥筹交错，也能耐得住一人独处时的寂寥。

明记大潮汕，似乎正是在这种处世哲学之中久立于此，走进了食客的心中。尤其在冬日寒夜，彩塔夜市已经接近尾声，这家营业到深夜的潮汕小店便成了风雪夜归人的精神归宿。前台点餐，老板很是热情，会为每一位顾客送上一杯酸梅汤，有相识的熟客还要交谈上几句。这或许就是老板的处世哲学。滑鸡、牛肉或是鲜虾砂锅粥，砂锅尽可能将火的温度保留其中，也让粥底绵密，肉质滑嫩，肉与蔬菜的鲜味淋漓地渗入粥中。潮汕猪脚饭，似乎是食客们饱餐一顿的首选。而对猪脚这一词的理解，可能会使南北方产生一些差异，很多东北人起初都会误以为是猪蹄，而其实猪脚饭是用从猪肘到猪蹄的整个猪小腿来制作的。猪脚饭是潮汕地区的传统名菜，其历史颇为悠久，能追溯到唐朝，甚至传言韩愈也对其赞赏有加。多味秘制中药而成的卤料，赋予猪脚独特的香气，外皮肥而不腻，肉质紧实而不柴，入口香滑爽嫩。此外，肥肠饭、鲜虾鸡蛋肠粉、牛肉丸汤、虾饺皇等多种潮汕简餐小食也定不会让人失望。

沈阳城家喻户晓的抻面店老四季与沈阳人人隔路相望，为十三纬路夜经济的后半场注入了生命力。老四季店内，一碗鸡汤面、一盘煮鸡架，似乎成了食客的标配。而沈阳人人，则是一锅老汤行走江湖，老汤面、大肉面、老汤干豆腐，再来上一盘特色拌鸡架，也是个不错的选择。两家老店几乎都是二十四小时营业，陆陆续续进出其间，你来我往的食客不曾间断，基本随时想吃上这一口都能够得到满足。

推荐美食

彤德莱火锅 地址：十三纬路125号（彩塔夜市入口处）

红菇坊火锅 地址：十三纬路二经街交汇处

巷里成都川味小馆　地址：十三纬路山东庙巷9号

明记大潮汕　地址：十三纬路92号

老四季　地址：十三纬路铝镁社区南门

沈阳人人　地址：十三纬路117甲1号

胡家扣肉馆　地址：十三纬路93号

你好三明治　地址：十三纬路山东庙巷2号

三、文安路

路如其名，位于沈阳金廊一侧，夹在沈阳最早的五星级酒店群之间，在最声色繁华的都市背景之下，文安路则安于此，呈现出独有的格调与特色。或许正是基于这一地缘因素，在文安路上，无论是精致高端的庭院餐舍，抑或是升腾着烟火市井气的门头小店，皆可于此处并存，无论是庙堂饕餮，还是江湖风味，也都能在这里演绎出各自的繁华。

粤菜，位列中国四大菜系之一，以精细著称，广义上讲，除了包含广府菜，还包含潮州菜、客家菜等。其历史悠久，传承上千年，带来了五滋、六味以及清、鲜、嫩、滑、爽、香、脆的多样味蕾体验。由于广东自古地产丰富，就地可取各式新鲜食材，烹而食之。烹饪技法上不拘一格，博采众长，尽可能将广博的食材演绎得精致不俗，正应了孔夫子的那句话："食不厌精，脍不厌细。"

在文安路上，则汇总了粤菜的多种变化。万福记，主打粤式晚茶，以粤式小点和海鲜粥为特色。菠萝包是一道家喻户晓的粤式小点，它的名字也很容易让人误会，其实就和鱼香肉丝中并没有鱼，老婆饼中并没有老婆一样，传统的菠萝包里也并没有菠萝，甚至面包中间根本没有馅料，而其灵魂在于表皮，由面粉、砂糖、鸡蛋及猪油等制成的脆皮为平庸的面包赋予了新的灵魂。然而，万福记的田掌柜菠萝包，则经过了创新改良，彻底为菠萝包正了名，让其名副其实，在脆皮还撒了一点儿白糖，面包松软，中间则夹了菠萝奶酥和果粒。粤式晚茶常见的点心——虾饺，在这里也有了新的生命力。每个季节的虾饺呈现出独属于每个季节的颜色，取名为万福四季虾饺皇。荔湾海鲜艇仔粥的内涵极为丰富，鱼片、虾仁、花甲、鱿鱼等，用料十足，将鲜味在绵密的粥底之中呈现到极致。所谓艇仔粥，因当年珠三角地区的水上人家在船上售卖此粥而得名。鲍鱼滑鸡粥，鲍鱼现场打捞，鸡肉嫩滑，米入口即化。一碗鲜粥，一屉小点，再来上一碟小菜则更有滋味。或是喝粥的绝佳伴侣——酸甜爽脆的龙腾泰椒脆萝卜，或是菌香四宝、有机蔬菜等应季时蔬，抑或是南乳脆皮鸡翼等令肉食者满意的精致菜肴。

除了晚茶，也有店铺主打下午茶——汤城茉里·粤菜下午茶。名义上是下午茶，但其实菜品上不输正餐的精致。茉里牛肉、玻璃乳鸽、老火靓汤、法式虾球、腐竹白菜煲、黑金流沙包……尤其是一道陌上花开，从名字到摆盘，无一不透着精致，口感绵软，唇齿间萦绕着一股浓郁的蛋与芝士的混合香气。

粤菜正餐自然也是不可少。粤菜本就是融合各大菜系之长，兼容并蓄演变至今，而鹿桃则是将这种创新精神在都市繁华中传承。本不搭界的蔬菜与海鲜肉类进行了全新的匹配与交融，别有一番滋味。脆竹笋拌兰花蚌，加入藤椒和麻油，让原本寡淡的青笋与兰花蚌迸发出新的活力，青笋清脆，兰花蚌鲜脆，口感极爽；香煎芦竹笋楠肉卷，在竹笋外裹了一层肉卷煎制而成，肉的厚重与竹笋的清淡交织，让整道菜的口感愈加饱满。肉质细嫩、黑胡椒味浓郁，一口下去便爆汁的越式牛仔粒，晶莹剔透的玻璃皮润烧乳鸽皇，只选取生菜最内侧一小根菜心烹制的白灼生菜胆，以及芝士与和牛搭配的雪花和牛挞，每一道菜品均透露出粤菜的精致与创意。

一家烧腊专门店，将广式的烟火气带到了东北。谭海烧腊坊，夹在文安路上精致各异的招牌中间，如果你不仔细地寻找，可能就会错过。然而门庭虽小，菜品样式虽少，但仍旧无法阻挡食客对于美食的热爱。烧腊，在北方人的脑海里似乎已经将它定格在烧鹅、烧鸭或者叉烧上，但其实烧和腊是两种完全不同的制作方式，烧是先将肉腌制后再用火烤制，比如比较常见的烧味，像深井烧鹅、脆皮烧鸭、蜜汁叉烧肉、烧腩肉，包括卤肉；而腊则是一种由阳光与肉质发生天然反应的馈赠，比如煲仔饭中的腊肠。除了烧腊外，谭海家的白切鸡和白灼各类时蔬也很地道。白切鸡是一道经典粤菜，鸡不加调味白煮，佐之以姜蓉，外皮油黄，鸡肉紧实，保证了鸡肉原汁原味的鲜，令爱它的人不能释手。据说这家店的厨师也是地道的广东人，即使离家来到东北多年，家乡的味道是永远不会忘怀的。

无论是烧腊，抑或是市井间流传多年的吃食，能够留住食客的秘诀，或许就是原汁原味，那个正宗、传统的老味道，总会留住那些流连此味的人。

粤菜之外，其他菜系也在文安路上占有一席之地。奉天小馆，对本土的东北菜加以融合创新，摆脱了东北菜简单粗犷的即有印象，而是把东北菜做细、做精，做到极致，哪怕是一盘老豆腐。奉天老式锅包肉、雪绵豆沙、小馆过年菜、大黄黏米饼、豆角烀饼、麻酱手工拉皮等，让人似乎重回少年时代，重温熟悉的味道。当然，也有如杧果烧牛柳这样的创新菜品，水果的果酸让牛柳的肉质更为嫩滑，给人一种不一样的体验。

川菜对于口味偏重的北方人来说，定然不能少。

蜀锦华堂·古法川菜既有麻婆豆腐、蒜泥白肉、毛血旺等川菜中的传统名菜，也有灯影牛肉、椒盐牛肉饼、糖油馃子等地方小吃，还有清炒鸡头米芦笋、牛骨髓烧手工豆腐等创意菜品。

那九月·川味小馆，则主打盐帮菜。盐帮菜是川菜的一个流派，起源于自贡。自贡地区自古井盐业发达，明清时期已有"盐都"之称，当时全国各地数以万计的盐商、盐工聚集于此，因此成立了不同的行帮，不同地域的饮食习惯和饮食文化在此地逐渐融合发展，形成了风格独特的盐帮菜。那九月的自贡大麻鱼、盐菜回锅肉、沸腾水煮鱼、能喝汤的酸菜鱼、辣子鸡、豆汤豌豆尖等菜品，或许能让人在其中感受一番盐帮菜口味的厚重与丰富。

久居内陆的沈阳人，却对来自遥远大海的鲜味有着执着的爱。文安路上有两家来自大海深处的味道。以帝王蟹九吃、雪蟹六吃为主打的蟹道，以海胆六吃、海胆三拼、海胆火锅、海胆蒸蛋、海胆刺身、海胆天妇罗、精品海胆饭、海胆煎饺等多种形式演绎海胆味道的胆道，都是深谙这种海鲜高端食材的烹饪之道，并且专一地将一类食材开发到极致。

万福记 地址：文安路58号4门

汤城茉里·粤菜下午茶 地址：文安路18-8号

鹿桃·粤小馆 地址：文安路18-4号

隐庐·喰飨 地址：文安路18号丽景花园B2栋

谭海烧腊坊 地址：文安路17号

奉天小馆 地址：文安路18号B7

蜀锦华堂·古法川菜 地址：文安路18-9号

那九月·川味小馆 地址：文安路46号

蟹道 地址：文安路18-1号B1房间

胆道 地址：文安路15号东1门

四、十一纬路

十一纬路，于南市场前贯通南北，也让这百年前建立的市井繁华之地穿越历史融入现代都市之中。虽然不复当年为沈阳的商业中心时的繁华，但作为如今沈阳的文化地标，以其为中心放射出去，覆盖着一张极具特色的美食网络。

十一纬路的气质似由百年前南市场的繁华烟火传承而来。而烟火最直接的表现便是烤肉与烧烤。沈阳的老牌炭火烤肉奉吉是后搬迁到此处的，也是被十一纬路的烟火气质吸引过来的。食客上桌后，先上来几道开胃小菜，这是几十年传下来的待客之道，许多老客已经无须看菜单，如数家珍一般地向自己宴请的客人介绍着这里的各类菜品，烤肥牛或是瘦牛，对肉质口感挑剔的食客都能得到满意的结果，调味牛五花、奉吉秘制肉等已经提前腌制好的肉品，则要在炭烤盘上快速翻面，需要手眼的配合，眼疾手快，方能让火候恰到好处，在肉口感最佳时用生菜或者苏子叶加入蒜片、青椒丝、酱料包裹，整体入口，这才算是一道菜的最终成型，是食客自己动手最满意的一刻。除了烤肉外，东北人的烧烤桌上，冷面、炸打糕或是海鲜饼等只在这一场合登场的主食也是必不可少的。如今，奉吉还推出了秋葵火龙果沙拉、金枪鱼蔬菜沙拉、鲜果沙拉等新菜品，为在意身材与卡路里的年轻人中和烤肉的油腻感。

除了传统烤肉外，也有新式创意太空科技主题串吧包揽整晚的欢愉。無二烧烤·精酿，突破传统烧烤的界限，在烤串儿中推陈出新。喷醋、芥末、五分熟，无论是调味还是对肉的火候控制都做了大胆创新，果然产生了神奇的效果，肉质很嫩，浓浓的芥末味道搭配醋的酸爽让这道菜很是爽口；葱油海螺边、手摇海鲜杂贝、無二海鲜锅，能感受到店家对于海鲜的掌控。小烧烤遇上各式精酿啤酒，定将造就一个不醉不归的璀璨夜晚。

就在無二旁边的巷子更深处，隐藏着一个独立院落，让人沉醉的不只是这番返璞归真的装饰布置与内部的别有洞天，还有这里的美食和酒，当然也包括它的名字——倾酒，让人忍不住出口几句诗词。一间院落，两盏清酒，几味小菜，佳人话谈。市井的质感退去了粗犷的感受，舒适的桌椅随性地铺开夜幕下的惬意，在烟火江湖中注入温柔自在的气质。约上伴侣，或是三两好友，漫无目的只为美食而来也可，叙旧谈情清谈一晚也可，有酒可助兴，无酒也欢歌。

菜品虽不算"大"，有创意但不过度，味道有张有弛，

烤肉

李连贵熏肉大饼

有回味。如紫苏牛肉卷，将紫苏包裹牛肉卷煎炸，却将二者之味道皆淡去又形成一种崭新的口感；轻煎芦笋，芦笋清淡，下面铺了一层土豆泥，相得益彰；慢炖味增牛舌，牛舌入口即化，里面的萝卜和青笋入味；黑松露南瓜酱薄饼，内馅是南瓜，饼上淋的芝麻酱，入口层次丰富饱满；山葵牛肋肉，牛肋肉搭配口蘑，佐之少许山葵酱，山葵的味道不出挑，却能让牛肋肉的鲜发挥到极致；杞果咖喱鸡，这几种食材搭配到一起，光听名字，就让人口舌生津。如果几道菜下肚，还不尽兴，再来一份西式牛肝菌拌饭，则会让人更为满足。

从三一小厨私房煎肉开始关注到如此一种气质，淡然中将华丽尽藏于对食物的创意之中，这恐怕只有经营者心境抵达此种境界，方才会有如今的倾酒、在野、日常、观杜等多家创意美食的一脉相承。

十一纬路的美食不拘一格，品类多样。比如主打牛肉芝士汉堡、鸡肉塔克、牛肉塔克、烤鸡胸恺撒沙拉、牛肉芝士薄饼等美式西餐的麦奇餐厅；比如主打一品鲜虾砂锅粥、极品虾蟹粥、水晶虾饺、招牌流沙包、鲜虾肠粉的潮粥记海鲜砂锅粥；比如主打藤椒花蛤、喷醋鸡架和小肉串的十二峒；比如可以吃到水煮鱼、馋嘴牛蛙、麻辣小龙虾、炝莲白的老牌川菜馆子川流不息跨界小厨；再比如主打鲜活海鲜的小渔港和一份刺身富贵盖饭就让人流连忘返的江之叶新派海鲜日式料理。

十一纬路的烟火气质，也延伸到相距不远的十纬路。在那里，也有不俗的美食在舌尖绽放，让人即使钻小巷子风尘仆仆而来，也定会觉得不虚此行。在野餐厅，从名字上就给人一种处江湖之远的自在与闲适，店铺不大，但是小巧而精致，让食客能尽情而自在地用餐，菜品也刷新人们的味觉感官：大叶紫苏虾、脆海苔金枪鱼塔塔、牛筋煮烩饭、芝士鸡肉丸、帕玛森芝士薯条、果味烧汁鳗鱼、柚子凉面……另一家，三一小厨私房煎肉，这个"私房"两字用在这家店身上那是恰到好处，从门面到厅堂都给人一种回家之感，质朴而不失格调，菜品上如龙利鱼、芝士口蘑、和风金枪鱼拌饭、照烧鸡腿、葱香牛舌、什锦咖喱烩饭、土豆泥、德国生肠、越南明虾卷、黄油香蕉等，处处透着创新，与众不同，色味俱佳。

美食推荐

奉吉炭火烤肉 地址：十一纬路149号

無二烧烤·精酿 地址：十一纬路38巷5号

倾酒小酒馆 地址：十一纬路38巷5号2门

麦奇餐厅 地址：十一纬路111号

潮粥记海鲜砂锅粥 地址：十一纬路53号

十二峒 地址：十一纬路云东巷23-2号

川流不息跨界小厨 地址：十一纬路186号

江之叶新派海鲜日式料理 地址：十一纬路125号

在野餐厅 地址：十纬路31号

三一小厨私房煎肉 地址：十纬路27号

五、八经街

八经街，我相信沈阳城的年轻人绝不会陌生。这里有一个洋气的命名——八经街咖啡小巷。在错落着的民国老建筑之间，一家家精致惬意的咖啡店和特色美食店铺，历史的厚重感与这种生活的闲适完美融合，相得益彰。

到了春夏季节，小店的门口许是会支起一把大伞，抑或摆上一张小桌和几把户外椅，熟客来时会直接坐在外面，先与老板或相熟之人寒暄一番。若是第一次来，也不会慌张，在那种极为舒服的氛围之下，没有任何场景会令人尴尬，尽管时常到了饭点，由于小店空间紧张，需要等上些时候，无论老客新朋，也都不会稍有愠色或心中急躁外现，或许是老板的真诚待客，或许是食客间已然形成的一种默契使然。有时候，等待似乎也并没有那么令人生厌，旁边任意找个咖啡馆喝上一杯冰美式，就能让盛夏的暑气全消。

当然，这一切的先决条件是，这里的美食味道过关。

家厨小馆，一家我曾经连续来两次都没能吃上的店，如今谈起也并不会有任何的反感。菜品样式并不多，而且菜品更新较慢，全都出自一人之手，不能喝酒，也不能多点菜，没有预约基本上没有位置。就是这样一家店，让食客们无不称赞。特色红烧肉，极其软烂入味，肥肉入口不腻，瘦肉不柴有嚼劲儿；手撕包菜，火候是关键，爆炒过后，入口有焦香与菜的清爽交织；牛肉炖山药，炖菜入味是决胜的关键，不仅牛肉软烂，配菜也都有滋有味；二锅酸菜更是如此，味道醇厚，汤中酸菜那种特有的鲜味四溢，还搭配着小块的拆骨肉，怎一个满足了得；炒笨鸡蛋，看起来是绝对的一道家常菜，很多人若是去了其他店恐怕都不会点的这么一道菜，却成了这里的招牌之一，个中滋味非言语能形容；还有豇豆炒茄子、干煸四季豆、双椒鸡、干煸牛杂、农家炒肉、肉段茧蛹子……没有什么特殊的食材或是极其精湛的刀功技艺，就是一种家常味道，但这就足够，对于食客来说，"下饭"就是最好的夸赞。

追艺九小巷，听名字并不知其内涵的一家店，却让人有一种先入为主的小而精的感受。的确，这一家店以各种炸制小串为主打，牛小嫩、鸡小排、铁丝小串、小腊肠，名字就给人一种可可爱爱的感觉，还有麻辣烫、蟹钳、浇汁豆皮、珍珠皮蛋等各类小吃、凉菜、下酒菜，以及炒方便面、黑胡椒牛肉饭、咖喱鸡肉饭、香菇滑鸡饭等几种简单的主食。有时候，食物不需要多复杂，简简单单，也有独有的"小确幸"。

无独有偶，在八经街还有另外一家"小"字辈店铺——小乾杯串店。不同的是，这一家主营的是各类炭火烤串儿，还有烤鸡架、麻辣烫、马勺心管。不同的是，这里还有一些创意菜品，如：瀑布土豆丝，味道酸甜可口，土豆丝切得很长很细，整体组合成了一种瀑布造型，别有一番意趣；千岛酱鳕鱼，煎制的鳕鱼搭配上千岛酱，奇妙的组合；大蒜炒饭，乍一看名字的确有些粗犷，但若不尝试，你真的无法感受原来大蒜还能有如此味道。

三月家庭料理是一家连锁日料店，菜品出品的品质把握决定这家店的质量。三文鱼刺身、日式牛肉豆腐煮、蟹肉宝、紫海胆，以及各种寿司、手握和烧鸟……能够满足日料爱好者的基本需求。

汕潮，初一看店名，还以为是一家潮汕菜馆，其实不然，这是一家面馆。招牌的沙茶面，让曾在福建地区流连于这种美味的我感到一丝欣喜。"沙茶"源自东南亚，这一词也是马来语的音译，沙茶是用虾、花生油、芝麻、香草、葱、蒜、辣椒等制成。据说这沙茶面的由来，是因为当地多年的进出口港口优势，人们从海外将沙茶带回，阴差阳错以沙茶酱作为汤头便做成了沙茶面。沙茶面汤汁醇厚浓郁，用料也很丰富，有大虾、青菜、腐皮、鱼丸等，入口咸鲜，就像这条街一般很有厚重感。虾仔捞面也很有特色，这是一道广东小吃，面煮好后过冷水以达到面条弹牙之效果，上面盖满一层虾籽及白芝麻，鲜香惊艳，再搭配上一碗清汤，简直完美。此外，店内还有竹升面、古法醋醪面、螺肉拌面等，在浓浓的地域特色基础之上加以改良，以适合本地人的口味。还可以点上一份丁香肠、葱油蛾螺、脆拌鸡胗、清水牛肉、海胆秋葵、椒香刀鱼，配上一碗面和一杯七味糖水，定能得到从味蕾到内心中的满足。

在八经街上，除了这些精致小巧而内涵丰富的美食小店外，也有像汤城莱里这种豪华美室中的奢华唇齿体验。红砖独栋小楼，门前"观邸"两字格外醒目，完美融入八经街的历史厚重感。在这样有近百年历史的建筑之中用餐，除口舌享受之外，心中的波澜定现于外。当然，食材的高端与品质在这里也体现得淋漓尽致。海皇一品煲，上品的鲍鱼、花胶将鲜味提升到极致，在满足口舌之欲的同时，也满足营养滋补之需；龙虾汤蒸海胆，光从其名字也能感受到其中的鲜味，味道清淡，蛋滑且卖相极佳；此外像黑松露手打鱼付、清蒸东星斑等也能尽让食客感受海味之鲜美。若想享受肉之欢，极致盛宴的可选红烧安格斯牛肋，牛肉的品质鲜嫩多汁，自然不用赘言，切片方便食用，年轻人也可一尝低温火牛肋，性价比更高。当然，若只是来午餐小聚，也可以不点那些隆重菜品。浅尝辄止，那便点一道玻璃乳鸽，这是粤菜中的传统名菜，外皮酥脆、色泽红亮，内里肉嫩、汁水饱满。再点上一道酸藕尖炒猪颈肉，样品样式上并不见多高调，但嫩嫩的酸藕尖上泛着闪闪的油淋之光芒，猪颈肉火候恰到好处，既将多余的油焯出，又将肉的味道发挥到最佳，再配上红绿两色辣椒，还未入口，唇齿间已经湿润。喜食甜的，餐前可先来一道琥珀核桃，餐中可选菠萝咕咾虾，餐后则可以点一份酥皮拿破仑，无论在什么环节，多一分甜总会让人多一分满足感。

美食推荐

家厨小馆 地址：八经街 17 号

追艺九小巷 地址：八经街 7 甲 2 号

小乾杯串店 地址：八经街 68 号 112

三月家庭料理 地址：八经街与七纬路交叉口

汕潮 地址：八经街 6 号 515

汤城苿里（观邸） 地址：八经街 61-1 号

博多江浙饭庄 地址：八经街 86 号

一顿烧烤（八经街店） 地址：八经街 72 号 3 门

栋梁片烧 地址：八经街 15 号

解忧日料店 地址：八经街八纬路 6 号

东吉馆韩式餐厅 地址：七纬路 8 号

六、鸭绿江街

若是在十年前，提起鸭绿江街，我第一想起的是北塔，再就是辽宁文学院，其他的诸如有什么美食，就有些模糊。但是如今因皇姑万象汇落户于此，鸭绿江街而为沈城百姓所关注，其周边的餐饮业也随之而兴起。

遇约烤鸭国民小炒，是沈阳城近年兴起的烤鸭品牌——遇约旗下品牌。整体风格与"遇约"相近，烤鸭自然也是其招牌，外皮酥脆、肥而不腻，肉质鲜嫩多汁，这是对烤鸭火候严格把握的杰作。不过往往烤鸭得算是一道大菜，一只烤鸭片好一般可分装两盘，来上一份爆炒鸭架，每人一份鲜美羊汤，再加上颇有些仪式感的面酱、葱丝、黄瓜丝、山楂条等小料和薄饼，那也至少占了桌子的"半壁江山"。若是只有两人来吃，不点其他菜品显得单调，但点了则又浪费。不过国民小炒似乎就是为此而诞生的，烤鸭可以不点一只或半只，而单点一份或两份的分量，还给品尝其他菜品留出空间，而烤鸭质量的把控则与品牌店一致。而店里的其他菜品也是不拘一格，既有剁椒有机鱼头、小炒黄牛肉、剁椒猪油拌粉这样的传统湘菜，也有雪绵豆沙、锅包肉这样的地道东北菜，还有老北京爆肚儿、炙子烤羊肉等京菜，以及粤菜、川菜等各式融合菜品、小吃。

另一家餐饮品牌的旗舰店是——悦荟牛排·NEO。招牌的低温慢烤安格斯牛肋排、皇家惠灵顿牛排、菲力牛排配法式黑松露汁等，肉质口感以及对肉品掌握的火候俱佳，是西餐爱好者和食肉爱好者的喜爱之地。再来上几份创意菜品，如：芝士焗蘑菇配法式金枪鱼，口蘑的汁水饱满，与金枪鱼完美搭配。有时候，吃西餐的乐趣之一，便是见证食物组合带来的新奇体验。芝士瀑布安格斯牛肉手工全麦汉堡、意式四国奶酪那不勒斯手工比萨，都是芝士爱好者的心头好。香浓芝士焗薯泥、云朵芝士舒芙蕾玉米粒、法式巴斯克芝士蛋糕、玫瑰蜜桃奶冻，既可作为饭后甜点，也可单独撑起一个曼妙的午后。

小隐人家，这是一家创新的融合湘菜馆。湘，即是湖南。湘菜作为中国八大菜系之一，以其油重色浓、口味鲜辣鲜香而著称。大隐隐于市，小隐则在这繁华的商业圈中绽放自己独特的美食之光。茶油现炒黄牛肉，必然是招牌。"黄牛肉补气，与绵黄芪同功"，能作为养生的肉食。经过湘厨的爆炒后，肉的鲜香与辣椒的刺激完美结合。皮蛋辣椒擂茄子和小米油渣土豆丝，也是招牌必选的两道素菜，而主食则首选肉汤泡饭，每一粒米都浸满了汤汁，入口那种满足感不言而喻。

那家老院子，从名字便可知道这是一家地道的东北菜馆。老式锅包肉、大铁锅炖鱼、溜肉段等传统菜式自然不在话下，新派宫保鸡丁、青花椒酸菜鱼、石锅海胆豆腐等各地融合菜，味道也能让食客满意，而手工大花卷，外皮酥脆、内里松软，在这里则成了一道甜品。东北民俗风格，却也不失档次，成为附近居民亲朋聚会的选择之一。

牛水煮·麻辣水煮牛肉，浓浓的川味，据说是东北首家店。嫩牛肉与各式配菜已经提前在锅中备好，配上辣椒、葱花等各种调料，满满一锅，咕嘟咕嘟，香气已经引出了食客的馋虫。这样的店，川味小吃自然不能少。天府小四喜——土豆泥、凉拌豆皮、蔬菜沙拉等小菜组合，或是锅巴土豆、憨憨豆腐、小酥肉、蛋酥软糍粑、椰汁冰粉等，在传统小吃基础上都有些创新的意味。

笑隐疆·新派新疆菜，满足了食客对西北的全部想象，到了周末假日定然是座无虚席。秘制经典大盘鸡想必是大家的首选，鸡肉与土豆完美演绎了西北风情；塔城酥皮烤羊腿，倒有点儿像是我们本土化演绎的"惠灵顿牛排"，羊腿肉切成小块儿包裹在酥皮里面，锁住了羊肉的汁水，同时也让这道菜成了羊肉加主食的组合。馕包肉则是更为纯正的中式表达。羊肉串、新疆奶茶、椒盐脆皮小豆腐、秘制米肠面肺子、羊排手抓饭、天山下的手工酸奶等各式小吃和主食，也让西北风情在肉的盛宴过后得以延续。

美食推荐

遇约烤鸭国民小炒 地址：皇姑万象汇5楼

悦荟牛排·NEO 地址：皇姑万象汇4楼

小隐人家 地址：皇姑万象汇4楼

那家老院子 地址：鸭绿江街27号

牛水煮·麻辣水煮牛肉 地址：皇姑万象汇5楼

笑隐疆·新派新疆菜 地址：皇姑万象汇5楼

七、北行

在皇姑区，不同于鸭绿江街的新商业业态带来的餐饮文化的繁荣，还有一片区域已经将市井繁荣扎进了土里，成为连接周边区域经济文化的纽带，这便是北行。行，从传统意义上解读，那便是与商业有关的。沈阳以方位命名的"行"一共有三处。其中"南行"位于著名的五爱街的北面，主要集中于文化用品的批发；"东行"则是在中街附近，小东门一带，是一个小商品和小食品的批发集散地。而"北行"显然是三行中最为繁华的，既有各种综合性商场、各种品类的店铺以及娱乐文化消费场所，毗邻西塔与太原街，还有辽宁大学、辽宁中医药大学等高校为其注入人文的气息。如此的繁华之中，美食自然是必不可少的一环。

大学时代，与同学小聚常去三家店，最常去的一家是位于辽宁大学东南门旁边的西花园餐厅，因为离得近，就把它当成招待外来同学、朋友的升级版"食堂"。来这儿吃饭的主要是大学的师生以及附近的居民。最记忆犹新的一道大菜，必然是德莫利炖活鱼，很大一份，汤汁浓郁，鱼肉之中浸满汤汁，极其入味，其他菜品就是比较常见的如锅包肉、肉末茄子、皮蛋豆腐、椒盐土豆片等菜品，口味不一定有多出挑，但价格要比其他店实惠许多。

另外一家是满庭芳，主营的是江浙菜，黄酒酥鱼、西湖莼菜汤、梅菜扣肉、荷叶叫花鸡、笋干烧肉、桂花糯米藕、松鼠鳜鱼等各式菜品，总能让一群年轻人在青春飞扬之间也得到味蕾的满足。还有一家便是红樱桃，主营的是东北菜，老式锅包肉、北京烤鸭、樱桃肉、飘香土豆泥、雪绵豆沙、老式炸茄盒、大拉皮、韭菜盒子……一道道菜品让来自五湖四海的大学生们迅速被东北菜所征服，虽然没有繁复而华美的摆盘，但是其中的味道是真挚而热烈的。这两家店的性价比都是比较高的，对于当时还是学生的我们来说，既可以满足同学聚会场地之需，又可以满足对味道的追求。当然价格也是重要因素。

巴山路上的椒味太古里，自然是品尝川菜的不二之选。招牌的椒盐水煮鱼、炝莲白、川北凉粉、玉林小酥肉、干锅土豆片、冰粉、馋嘴牛蛙、水煮肉片、盆盆虾等各种川味菜品，想必也会成为如今大学生的热门选项。

或许是应了青春与市井的火热，北行一带的品质口碑都较高的火锅店非常之多。既有像有拈头成都市井火锅、憨憨重庆老火锅、老灶台这样的热辣红油火锅，也有像拿宝涮肉、伊斯美、崇德园涮羊肉这一类品鉴手切肉的魅力火锅。无论是哪一种火锅，都会在冬日里一股热气温暖整条街路，在夏日里火热激情燃烧整个夜晚。

如此的火热，同样适用于烧烤、烤肉。安三胖韩国烤肉、牛大力炭火烤肉、善满果木烤肉、火云龙老肉、韩都烤肉等，以及一顿烧烤、青年往事、喜串等各种老式、新式的烧烤、串店，都延续着这份城里的热情。

市井繁华之气，必然是少不了各种地域小吃的加持。主顾桂林米粉，无论是煮粉还是炒粉，酸辣爽滑之感都能征服喜欢的食客；北京麻辣煮串，看着长桌中间红汤里的各式各样的串串，唇齿之间已然开始跃跃欲试；郝家三姐妹麻辣串，豆皮、土豆片、蘑菇、沙肝、豆泡、鸡骨棒等加上特制酱汁，是多少沈阳人在学生时代校门口的回忆。还有诸如柳城印象螺蛳粉、皖淮风牛肉汤、闫家炸鸡架、姥家戴记麻辣烫，以及北行夜市里的各种小吃，都让食客们在北行得以尽享各地之风味。

美食推荐

西花园餐厅 地址：辽宁大学崇山校区东南门旁

满庭芳煮酒小厨 地址：金沙江街11号

红樱桃饭店 地址：长江街40号

椒味太古里 地址：巴山路75号

有拐头成都市井火锅 地址：长江街80-2号

憨憨火锅重庆老火锅 地址：长江街90号

老灶台全季火锅 地址：长江街126号

拿宝涮肉 地址：华山路198号

崇德园涮羊肉火锅 地址：昆山中路104号

伊斯美火锅 地址：皇姑妇婴医院对面

牛大力炭火烤肉 地址：宁山中路60号

善满果木烤肉 地址：淮河街与崇山路交会处东

火云龙老肉 地址：金沙江街与宁山中路交会处南

韩都烤肉 地址：碧塘公园西门对面

青年往事 地址：巴山路38-1号

喜串·串小馆 地址：长江街124号

主顾桂林米粉 地址：岐山中路49号建设银行斜对面

北京麻辣煮串 地址：宁山中路68号

郝家三姐妹麻辣串 地址：扬子江街崇山幼儿园对面小区内

八、北一路（重型文化广场）

过了北一路高架桥，城市的风貌与美食的飘香，便从皇姑区进入了铁西区。而作为这一门户之地的，便是北一路一带，以重型文化广场为地标，以1905文创园引领创意与文化，以北一路万达、沈阳国际纺织城作为商业基底。从1905文创园身后的纵横小巷，到北一路万达内的餐饮江湖，再延伸到万达金街上的灯火辉煌，直到小北一路，一条丰富的美食脉络网格由此延伸开来。在这里，有老店，有新创意，有东北本地特色，也有各地域的融合体现。

灯火辉煌间尽显繁华，繁华中呈现生活之意趣。

在沈阳，最热闹的夜晚，自然少不了烧烤和烤肉，北一路附近的口碑烧烤、烤肉店也不在少数。对于沈阳人来说，烧烤和烤肉这两个词语可以合二为一，并没有什么区别。直到有朋友指出她说："烧烤一般指的是烤串，而烤肉才是我们吃的炭火烤肉。"这也可见，烧烤也是一个江湖。不只是烤串与烤肉之争，烧烤和烤肉也还按地域分成不同派别，比如以西塔为代表的韩式烤肉，还有本地老牌的泥炉炭火烤肉，抑或是吉林、黑龙江等不同地域也有各自的细分派别。

南九里肉铺，从名字到装潢再到菜品，就是一派韩式风情，装饰上是简约轻工业风，又透着一股年轻人"灯红酒绿"之下的朝气。店里最为招牌的是山蒜叶猪五花，大块的猪五花肉，肥瘦相间，定是精挑细选，看起来并没有过多的油脂，一定要让服务人员帮着烤，才能更好地控制火候，让五花肉达到入口的最佳时机。到时便可由山蒜叶包裹上烤熟的五花肉，五花肉还可以涂上一些山葵酱，或是蘸上特调的调料，全凭个人口味，然后便是整体进入口腔之中。可能颠覆你之前对五花肉的认识，山蒜叶的清香、山葵的刺激与五花肉的油香完美融合。

有些人可能喜欢细嚼慢咽，细细品味每一道菜品，也有人喜欢狼吞虎咽，大口大口地咀嚼，才觉得这道菜美味。可无论你是前者还是后者，在吃烤肉这件事上，都要拿捏住吃肉的准则——用生菜或苏子叶包上烤肉以及蒜片、青椒丝、烤肉酱等配料，一定是囫囵个儿地整个入口，才能吃出来个中滋味。否则，一小口一小口地咬下去，很难体味到烤肉的真谛。

北一路的韩式烤肉，除了上述这家特色店，北一路万达商场中还有沈阳的老牌子韩盛古法烤肉。开了三十多年的老店，口碑和口味那是缺一不可的。古法肥牛、调味牛肉、果味猪五花、手切瘦牛……每一道菜品都经过了时间的考验，也经历了一代代食客的检验。若是觉得单吃烤肉有些单调，也可以选择同在万达商场里的韩盛·盛江山自助烤肉，不过任何时间去都有不少人在等位，一定要提前做好等位的准备。

此外，北一路周围的马漂亮烤肉、烧匠炭火烤肉以及金丽烤肉等各种烤肉店，也给了路过此地的食客更多的选择。

若你想暂时远离烤肉烟火的喧嚣，去1905文创园对面小巷子里的川奈寿司·日料或者奇妙汉·炒码先生也是不错的选择。两家店口碑极好，都是回头客支撑起来的精致小店。

川奈寿司·日料，一进门就能感觉到浓郁的日式装饰风格，每个座位前后都有小隔板，服务员也是细声细语，像是经过了严格的培训。从店名就知道这家店主打寿司，寿司是日本料理中的重要菜品，流传很广，相信大家也都不陌生。川奈家，我最推荐的便是黑鱼子蟹肉卷，最上面是黑鱼子，下面一层是包裹着的蟹肉，蟹肉显然已经经过炙烤，有着淡淡的烟火气，而内里夹着的是杧果，整个入口，层次极为丰富，蟹肉的烟火气与杧果的清爽相融，仿若是一场口腔内的神奇旅程，一颗入口，让人浮想联翩。三文鱼、鲷鱼等各类刺身新鲜齐全，寿喜锅中料足、味鲜，明太子烤土豆、手持鹅肝卷、天妇罗等小食也不会让人失望。

而另一家奇妙汉·炒码先生，在我印象中改过几次名字，但是菜品风格基本没有太大变化。菜品以韩式炸酱面、海鲜炒码面为主打，炸酱面料足、面劲道，而炒码面辣中透出鲜味，让人通体舒服。其他菜品如酱汁炸鸡、辣味糖醋肉、金枪鱼沙拉、炸鸡沙拉等，也都是搭配主食的不错选择。

美食推荐

南九里肉铺 地址：新湖中国印象79号甲6-5门

马漂亮烤肉 地址：北一东路75甲4号

韩盛古法烤肉 地址：北一路万达广场三楼

韩盛·盛江山自助烤肉 地址：北一路万达广场三楼

川奈寿司·日料 地址：北一路万达广场B座公寓一层

奇妙汉·炒码先生 地址：兴华北街6-1网点8门

九九蚬面专门店 地址：北一路金街1-1网点

华阳串根香 地址：兴华北街6-1号

申记串道 地址：小北一路15号7门

三块六重庆火锅 地址：小北一中路3号

小碗家炭烧 地址：景星北街18甲9号

九、北二路美食

逛完宜家、星摩尔、红星美凯龙或者是北二路上集聚的各种汽车品牌4S店后，即使腹中空空，也从不用为不知道吃什么而发愁。北二路的美食要么是集中在繁华商场的周围，要么就是隐藏于巷陌道旁，让你不经意间发现，给你一种午后的惊喜。

二丁目食堂便是开在北二路星摩尔购物广场的门外，位置并不算醒目，但是从商场出来，就可能与它撞个满怀。记得几年前来吃饭时，还只有星摩尔这一家店，后来又开到了不远的铁西广场万象汇楼下以及五里河的K11、浑南等地。还记得当时最让我印象深刻的是他们家主打招牌——豪华五层牛肉饭，那还是第一次吃配料如此丰富的牛肉饭，上来时各种配料、米饭分别摆于盘中，现场拌到一起，让食客从内心中先感受到这一口下去的充实，而其后的味觉体验也果然丰富。日式蒜香鸡块也让我印象深刻，鸡块外酥里嫩，汁水丰富，搭配土豆泥酱汁，别有一番风味。其他菜品如寿喜锅、刺身、火枪现烤的澳洲顶级铺天盖地火牛寿司以及覆盖满满沙拉酱、搭配薯片碎的和风土豆泥，都会让人觉得不虚此行。

如果只是想吃一点日式简餐，那不如移步到隐于街路旁，却声名传播于自媒体的——金多咖喱。记得第一次去时，还是只能容得下几张桌子的小门面，再去时，从位置到店面面积、装潢都有了翻天覆地的变化，食客们也不必为了饭点无座位而担忧。它算得上是精致装修的咖喱小店，用咖喱征服味蕾。他们家的咖喱一般是套餐形式，每份咖喱中包含咖喱饭和三种自制小菜、沙拉、味噌汤，炸猪排咖喱、牛肉咖喱、欧姆蛋芝士咖喱等，另有土豆沙拉、培根芝士可乐饼等可自行搭配。

星摩尔商场里的美味也是来宜家与星摩尔购物的食客们的首选。乐鳞鲽鱼记·东北家常菜，主打东北菜和融合菜，招牌是鲽鱼头，还有一道沈阳人的乱炖——东北乱炖，豆角、土豆、青椒、西红柿等，食材丰富。熘肝尖、百香锅包肉、黑椒鲍菇鸡架、溜肉段、滋味杭茄、山楂之恋红烧肉、烤花卷等菜品样式丰富，口味也值得品鉴，还有自助冰粉、饮品等。

而在星摩尔之外，另一家主营新东北菜的饭店——鑫奉天·新东北菜，与它遥相辉映。鑫奉天从装修到菜品摆盘等各方面，都更适合朋友聚会、商务宴请等场合。菜品有锅包肉、雪绵豆沙、小青菜拌毛蚬、烤鸭、小鸡炖蘑菇、盐浴黄花鱼、拔丝红薯等，既有传统菜式，也有新式融合菜品。

另一家是具有异域风情的——小娘惹，主营东南亚菜。菜品有小娘惹豆腐、任当咖喱牛肉、娘惹大虾、马来巴生肉骨茶、咖喱蟹、甲必丹咖喱鸡、马来西亚网饼、手拉奶茶等，喜欢东南亚风味的不容错过。

前面在讲北一路美食时，重点提到了烧烤和烤肉，在这里不多做赘述。但是，在北二路上还有一家沈阳人家喻户晓的烤肉品牌，那就是韩都烧烤。蒜香肥牛、调味小牛排、三味肋条、烤肥牛、调味牛五花、拌墨斗、拌花菜、冷面……这些菜品无不唤起沈阳人的回忆。

而在小北三路上的一顿烧烤，也是沈阳烧烤创意店的代表之一。"没有什么是一顿烧烤解决不了的！"或许，这家店的名字就是源于此吧。从名字到装修风格再到菜品，这都是一家有创新的店。菜品有烤鸡架、辣炒杂贝、烤羊肉串、烤熟筋、招牌海螺串、招牌麻辣烫、藤椒海苔黄花鱼、香菜拌牛肉、生卤虾等。

喜欢江浙菜系的食客们，在北二路上也一定不虚此行。在沈阳扎根多年的富雅菜馆，菜品有安徽臭鱼、东坡酒香肉、杭州酱鸭、江南小炒菜花、筒骨萝卜煲等，非常地道。而另一家江南小厨，更是在传统之上出新，菜品有浇汁小炒肉（现炒小梅肉，肉炸得很嫩，口味微甜）、白灼西生菜、江南臭鱼、小厨凉皮、绍兴白切鸡、葱油墨斗、生卤虾、本帮红烧肉、杭茄鲜贝等。

美食推荐

二丁目食堂 地址：北二中路6号星摩尔购物广场4号门外

乐鳞鲽鱼记·东北家常菜 地址：北二中路6号星摩尔购物广场3楼

小娘惹 地址：北二中路6号星摩尔购物广场3楼

韩都烧烤 地址：兴华北街19号（北二路地铁站C口190米）

金多咖喱 地址：贵和街1-2号3门

一顿烧烤 地址：小北三中路1号6门（距地铁北二路站C口670米）

富雅菜馆 地址：云峰北街与北二东路交叉口（距地铁北二路站D口780米）

鑫奉天·新东北菜 地址：云峰北街13号1-7门

江南小厨 地址：云峰北街34-2号5-6门

十、铁西广场

毫无疑问，铁西广场绝对是铁西区的中心地带。既有创始于20世纪50年代的铁西百货大楼，也有沈阳第一家万象汇商场，新、老商业在此处得以共存，并且共生共荣。当然，在美食上也是一样，既有开了多年的老馆子，也有各式品牌连锁的新式餐饮，既有传说中的小神店和苍蝇馆子，也有高门大户、富丽堂皇的商务宴请之所。仿佛铁西厚重的工业历史文化已经在这里得到延展，继承与发展在这里展现得淋漓尽致。若是夏日，每当夜幕降临，万象汇前的西红柿夜市便人头攒动，各式创意摊位和各式创新的餐饮小食、甜品、饮品等，就成了无论男女老少的关注点。而越过建设大路，在路的另一边，国美商场、铁西百货门前和身后的小巷子里又是另一番热闹的景象，延续几十年的传统小吃摊位承载了多少人的青春年华。

铁西广场附近的美食店铺实在是不胜枚举，大致可分为几个区域：万象汇商场内、万象汇后身小北四路一带、应昌街一带、万科金域国际周边、铁西百货周边、兴华街维康医院一带，甚至可延伸到铁西新玛特商场后身一带。

吃食的种类可谓是十分齐全。

吃烤鸭可以去吃遇约烤鸭，有些仙气飘飘的高端环境以及味道极佳的脆皮烤鸭，再加上石锅海胆豆腐、自贡大麻鱼、老北京爆肚儿、琉璃茄盒、酸汤肚包鱼等各式融合菜品，绝对不虚此行。

吃火锅，既可以选择万象汇里的海底捞火锅，也可以选择云峰街上的焯牛潮汕牛肉火锅或者北四路上的额尔敦传统涮火锅、兴华街上的阳坊涮肉以及东巴人鱼豆花火锅，各种不同的火锅吃法，给了食客充足的选择空间。

若是吃烧烤和烤肉，那这里简直会让有选择困难症的人绝望。烧烤店既有维康医院旁的撸客烧烤，他们家招牌的有红柳羊肉大串、烤榴莲和黑椒雪花牛排串等，也有以创意闻名的乐屋烧烤，铁西百货这家店主题是废墟，整体装饰风格即依此展开，除了装饰上的创意，菜品上更是如此，有烤鳗鱼串、小鸡蘑菇串、凉串生虾等，还有跳跳糖沙拉以及麻酱焖子、校门口炒肝等小吃，而且一边吃还能将签子丢入桌上的一个"机关"内参与抽奖，无论在菜品开发上还是就餐体验上都将创意进行到底。也有一顿烧烤、拾友捌酒烤肉·烤串、野人串吧、申记串道等品牌连锁店，品控把握极佳，将"踩雷"的概率降至最低。吃烤肉的话，安三胖韩国烤肉、大壮家原味烤肉、积木特味炭火烤肉，以及啊美丽炭火烤肉、阿里郎原始泥炉烤肉、三千里原始泥炉烤肉、千里马烧烤等开了几十年的老店，都是不错的选择。

若是想要远离喧嚣，也有建设东路胡同里的巷里味道私房菜馆，除了环境高端，食材也讲究，佛跳墙、松茸竹笋汤、金汤薏米海参盅、巷里牛肉、芥子虾、云丝锅包肉等等，很适合商务往来的交流。

若是想要吃点西餐，既有万象汇里的爱意牛排，也有中西融合的妹里比萨，当然也可以去齐贤南街上的可乐大叔私人厨房一探究竟。

美食推荐

遇约烤鸭　地址：兴华北街维康医院北侧

海底捞火锅　地址：铁西万象汇5楼

焯牛潮汕牛肉火锅　地址：兴工北街104巷与云峰北街交叉口

额尔敦传统涮火锅　地址：北四东路21甲

阳坊涮肉　地址：兴华北街36甲号6、7门

东巴人鱼豆花火锅　地址：北四东路21甲024街区

撸客烧烤·烤串 地址：维康医院旁

乐屋烧烤·废墟版 地址：南六中路11号7门

拾友捌酒烤肉·烤串 地址：建设东路58号甲1门

大壮家原味烤肉 地址：鑫丰熙区府北门旁

积木特味炭火烤肉 地址：南六中路13号

啊美丽炭火烤肉 地址：南六中路21号

阿里郎原始泥炉烤肉 地址：小六路19号

三千里原始泥炉烤肉 地址：贵和街小六路65号10门

千里马烧烤 地址：小六路65号

巷里味道私房菜馆 地址：建设东路假日大厦旁建设银行胡同内

麦香铁锅焖面 地址：北四东路御览茗居7号门

龙虾匠私房龙虾馆 地址：景星北街21门

春艳砂锅居 地址：南八东路45号511

侯府黑鱼馆·酸菜鱼 地址：贵和街25号

可乐大叔私人厨房 地址：齐贤南街3号5门

妹里比萨 地址：铁西万象汇5楼

易丰酒店 地址：兴顺街105号

十一、南十西路

南十马路穿过卫工明渠，向西延伸，则到了另一片美食集聚地。夹杂在老式居民区之间，店铺美食自然也是更偏向于传统，市井之气十足。

最常去的一家店是伟记四川水煮鱼，从老板、厨师到服务员全是四川人，从当年的小店，到如今面积已经扩了再扩，环境也比之前好了不少。唯一不变的便是味道，有很多食客已经不在这边居住，还特意远道而来，这绝对是一家值得特意来吃的店。当然，他家的招牌自然就是水煮鱼了。水煮鱼是川渝地区的一道名菜，有着油而不腻、辣而不燥、麻而不苦、肉质滑嫩的特点。而伟记四川水煮鱼，正是做出了此道菜的精髓，鱼片外焦里嫩，入口焦香、鲜嫩、麻辣，既从油中得到味之精华，又去除了油腻，辣椒和麻椒的选用肯定也是个不传之秘。它家之所以能成为沈阳城数一数二的水煮鱼招牌店，功夫技艺、食材、厨师多年的家乡情结是缺一不可的。其他菜品如炝莲白、川北凉粉、口水鸡、夫妻肺片、凉面等也是搭配水煮鱼的很好选择。

如果既想吃灌汤包，又想吃东北菜的话，那么老味道汤包应该算得上是适合的了。主打的自然是灌汤包，皮薄，内里汁水丰富，先咬开小口子，汤汁入口后那是一阵浓郁的鲜香，有的食客也会从这小口子倒入一点儿香醋，入口更有层次。要说一般的汤包店，菜品应以江浙菜居多，而这一家则是以东北菜为主——锅包肉、五彩大拉皮、腊八蒜炒肝、酥淋黄花鱼等，满足了沈阳食客的口味需求。

当然，若是想吃地道江浙菜，这条路上也能满足，那便是江南小厨。烧汁小梅肉、江南一品肚、糖醋斑鱼腩、上海本帮红烧肉、海派生卤虾、淮阳狮子头、荷叶蒸牛肉丸……既有传统，也有创新融合。

若是家庭聚会或是朋友聚餐，老铁西人一般会选南十西路上的张记海鲜酒楼。这是多年的老店了，人们来往于此已经成为习惯。老式锅包肉、清烹大虾段、毛血旺、张记麻辣香锅、石板煎酿茄盒……每一道菜都承载了沈阳城老百姓的饮食记忆。在多年以前，来这样所谓的大酒店用餐，一年那是一双手能数得过来的。给我的感觉是，似乎无论去哪一家饭店，很多菜品都是差不多的，而更多的是一种习惯，习惯于去了哪一家便选定了那里。比如我们家，那时就常去铁西兴顺街的易丰酒店，甚至于楼上楼下的每一个包房当时都能记得清清楚楚，每次去都会与前台和领班的服务人员热情地寒暄几句，就好像老朋友见面，而在菜上齐后，一定还会有老板给加的硬菜，这既是在朋友亲人面前给足了用餐者的面子，也是一种餐饮之中的人情世故。如今，有一些这样的饭店已经渐渐消失在历史之中，也有一些推陈出新，以崭新的面貌迎接新时代的挑战。

美食推荐

伟记四川水煮鱼 地址：南十西路启明新村

老味道汤包 地址：启工街与南十西路交叉口东

江南小厨 地址：南十西路 13 号 12 门

张记海鲜酒楼 地址：南十西路 46 甲

玖儿小桃红春饼烤鸭 地址：南十西路 32 号

忘不了泥炉吧 地址：南十西路 14-2 号 1 门

老北京饺子馆 地址：南十西路 18 号 6 门

十二、东中街

中街以东，虽不如中街一般有着历史文化底蕴的加持，但是以大什字街、小什字街延伸出去，其间市井繁华之气、南北美食的各式香气同样弥漫在这里，值得一吃的美食标志性店铺也不在少数。

若是初到沈阳，想感受一下辽菜美食的百年传承，那可以来宝发园名菜馆品鉴一下四绝菜的独特风韵。当然，无论是外乡人还是沈阳本地人，主营东北菜的馆子肯定也会经常光顾，八大碗、百富源·海鲜辽菜、好妈王饺子酒楼、奉天小馆等，这些店都是以地域性菜品为主，既有适合朋友小聚的，也有适合家庭聚会和商务宴请的，不同的场合，总能找到适合的店家。至于菜品，或是继承传统，或是在传统继承上发扬创新与融合，口味的基调定然还是东北的。

说到"东北的口味"，也许最能赢得多数人认同的一道菜便是锅包肉。这道菜始创于东北，凭借猪里脊与糖醋汁的完美结合，此后对外传播甚广。若你只是对这一道菜念念不忘，那么大什字街上的私房锅包肉菜馆一定会让你不虚此行。地道的美食与手艺，必然需要几代人的传承。这家私房锅包肉也是如此，几代人家族式经营，从小破店儿如今摇身一变成了小而精致颇有些文艺风格的美食打卡地。虽然面积仍旧是不足七十平方米，容不下几张桌子，但人气是越来越高。招牌的便是锅包肉，从传统的老式锅包肉到沈阳人小时候大都吃过的番茄口味的锅包肉，再到各式创新的黄桃口味、柠檬口味、蔓越莓口味等共九种口味的锅包肉，如今老板更是为食客品尝行了方便，直接推出了一款锅包肉九宫格——直接将九种口味一起呈现给大众食客。我个人还是最喜欢番茄锅包肉，尽管总被人说这吃的不是正宗地道的，但这就是从儿时培养起的口味习惯，入口酥脆，酱汁瞬间在口腔之中炸开来，那种感觉或许就是对这种美食的最佳注解。除了锅包肉，还有一道招牌的便是——雪绵豆沙，同样也是在传统上推陈出新，对馅料上进行创新，增加了多种新式馅料，推出了雪绵榴莲、雪绵冰激凌等。其他菜品如黑三剁炒饭、招牌麻辣酱拌、灯笼茄子、黑椒窝蛋肥牛等也让人记忆犹新。

如今还有另一种口味，也被人指代为"东北的口味"——那便是烤肉、烧烤。三十年老味道的国华烤肉是居住在周围的居民们记忆中的烟火之味。老式肥牛、老式拌饭、拌花菜、烤酸菜、拌墨斗……这一道道菜报出名来，儿时这么吃，如今还这么吃，仍旧有滋有味。当然，也会有创新，崔泽家1988韩剧主题烤肉则迎合了年轻人的心理，营造了一种新式的就餐氛围感，从环境到菜品都让食客们身临其境，德善厚切五花肉、土豆泥、芝士玉米粒、鲜果调味猪排肉、1988回忆盒饭、崔泽烤菠萝、正焕最爱火辣鸡爪……当然，只有话题噱头肯定不行，一定还是味道拿捏住了食客的胃。

若是要远离一些市井烟火，找一处安静地与朋友话聊小聚，或是情侣约会的地方，那便可来子曰·境文化餐厅，位于铁锚文创园内，环境雅致，氛围感十足。菜品有黑椒木瓜牛肉、酸汤牛胸口、不同土豆丝、普洱红烧肉、蟹粉藜麦豆腐、油焖熊猫笋、菠萝咖喱炒饭等。

若是要品尝各地域的美食，在东中街也都可以有很多选择。湘菜有菜小湘辣椒炒肉，感受湘江水暖，辣意横生；江浙菜有秋杭·江浙融合菜和半味堂融合菜馆，感受江南水乡美食的奇特魅力；川菜的选择样式更为丰富，有原木取火重庆烤鱼、椒爱水煮鱼、太二酸菜鱼等；粤菜有潮州小厨的潮州风味，也有门兴记百年阿婆虾饺粥店的皮蛋瘦肉粥、虾饺和小点等。

宝发园名菜馆 地址：小什字街天源巷1号

八大碗 地址：小什字街64号

百富源·海鲜辽菜 地址：大什字街3号

奉天小馆 地址：大悦城A馆4楼

私房锅包肉 地址：大什字街10号

国华烤肉 地址：大什字街6号

鲜一烤肉 地址：大东路11号

崔泽家1988韩剧主题烤肉 地址：大什字街99-1号

子曰·境文化餐厅 地址：大东路47号铁锚文创园内

门兴记百年阿婆虾饺粥店 地址：大什字街154号

潮州小厨 地址：小什字街164号-2门

半味堂融合菜馆 地址：小什字街天龙家园西门

秋杭·江浙融合菜 地址：大悦城A馆4楼

菜小湘辣椒炒肉 地址：大悦城A馆4楼

椒爱·水煮鱼川菜 地址：大悦城C馆4楼

太二酸菜鱼 地址：大悦城C馆4楼

原木取火重庆烤鱼 地址：小东路5号

寻岸·活鲜主题自助 地址：大悦城B馆4楼

元鲜冰煮羊火锅 地址：银元街28-1-143

驴肉蒸饺家常菜 地址：小什字街163号12门

街边味儿

沿着都市长街行走，无意中见到满街的小吃、小食、小馆子，尽是红火温馨的情调，心中未免会幸福感爆棚。

于是便会想起小时候的种种趣事来。中国老百姓喜欢吃的东西很多，从飞禽走兽到鱼虫蛇蝎。

爱吃的人总是能研究出千奇百怪的吃法，千百年来关于吃的东西和方法，简直可以写出一部厚厚的美食史记。而这其中，小吃占着相当重要的一部分篇幅。

一个地方一个味，一个人对食物的越界，其实，最重要的是，能够破除山海的羁绊，走出自己的地域，才会有挣脱束缚的愉悦。沈阳的饮食海纳百川，有包容之心，无论天南地北，各个城市的美食元素，在沈阳都得到了极尽张力的发挥。而饮食的外溢和衍生，则令沈阳的街边味，更有了不一样的别致风情和韵味。

所谓小吃，在我的理解中，即是简单方便、有民族特色的地域饮食。天南地北小吃的种类极多：云南的过桥米线，北京的天福号酱肉、六必居的酱菜、北海彷膳的栗子面窝头、小肠陈的卤煮，乃至新疆的羊肉串，陕西的羊肉泡馍，沪上的咸肉、粽子、汤圆，江南的老鸭粉丝汤、豆腐花，四川的夫妻肺片、钟水饺、龙抄手、麻辣风味，兰州抻面，等等，不胜枚举，种类繁多。既有地域标识的，也有民族特色的，去吃回族的切糕、朝鲜族的咸菜、新疆的烤馕。

在沈阳，也有可以推荐的街边风味地理坐标。

它们在老百姓的心目中都占有相当重要的地位。而这一切，在沈阳都得到了不一样的衍生、拓展和进阶。

西关是回民美食的聚集之处：寺北的王家炖肉、天意园的大馅烧卖、松鹤园的炒菜、开口馅饼、林家包子、金家馅饼、王家饺子等。当然，要是吃回头，我更倾向于二经街附近的协顺园制作的回头，吃包子，我还是得意沙子沟珠江桥北的顺风包子铺。

由于饮食的延展性，城市的不同区域都会有这类食品出现，齐贤饺子馆、二合永独特风味饺子馆，都集中在铁西区的齐贤街附近，而间或也有人会在大东区的老瓜堡和铁西区的云峰南街发现老刘大馅饼、王家饺子馆这样经营多年的老店铺。

当然，我们说的街边味儿，不仅仅是局限在这些有门面的、能够堂食的小馆子，更多的时候，我们对街边味儿的理解是随意、亲切、有自然感，无论贩夫走卒到那里都没有缩手缩脚的感觉。

中国老百姓在饮食风俗文化中占据着不可替代的作用。而作为小吃一类食品，当然是同它的随意性和简单方便有关。随意地在街上散步时便可于街边买上一碗莲花紫米粥，再吃上两串烤得流油的羊肉串，不需要排大队，随吃随买，随买随吃，甚至可以边走边吃，说不出地悠闲、洒脱与惬意。

这远非蜗居在高层建筑中、在红色地毯上踱步时所能体会的。

小吃通市井人心，普通老百姓对于小吃的钟情痴迷程度，也是局外人无法想象的。无论是早餐还是夜宵，都是其中不可缺少的一分子。

它也是生活中的一种艺术，生活中的一种意趣。君不见，天南地北的风味小吃摊上，男女老少吃得是那么有滋有味，有情有调。

热得顺脖子流汗，辣得咧嘴摇头，而心劲儿却大大地得到提升。

细细品味一下，这也算普通老百姓生命中的一种实实在在的幸福。

而小吃摊前日渐增多的国际友人的身影，更是一个国家不断提升地位和彰显大国气质的表现。他们对中国小吃一类食品虽然不是特别熟悉，但也能说出个规矩、方圆。

在沈阳，沿街走随意吃上几种，我更注重的是风味儿、口味和民俗。可以通过吃小吃了解到当地的民风故事和历史传说。

早晨的街边，聚集人最多的地方，往往是早餐小摊。也许就是一口油锅，支起个棚子，或干脆只摆上几张简单的桌椅。那些来不及做早餐的上班族便随意要一根油条，一碗新榨的豆浆，一小碟咸菜，吃得舒舒服服，心满意足。当然，你也可以要一碗豆腐脑，当然是咸口的，配上卤汁。沈阳人喜欢的卤汁一般是黄花菜与黑木耳的组合，色彩协调，口感黏稠，回味无穷。也许南方人无法理解为何豆腐脑不是甜的，只能说人各有爱，南爱甜北爱咸，地域与习惯使然，没必须要此争个面红耳赤。

小摊儿上还有油炸糕，那是上了点儿年纪的人少年的回忆之一。油炸糕是糯米、糖和豆沙馅做的，炸出来油汪汪的，色泽金黄，吃起来外焦里嫩，糯米与豆沙奇妙地融合在一起，又软又黏又甜。

铁板鱿鱼的小摊儿最受欢迎，往往围着的人也最多。新鲜的大鱿鱼串，放在滚烫的铁板上，随着一道道烟气升腾，鱿鱼发出吱吱的声响，香气四处缭绕，不断地散发出强烈的味觉诱惑……

煎饼馃子小摊儿摆到了沈阳的地铁口、公交站附近。因为煎饼馃子可以一边走一边吃，对于急着上班的年轻人来说很是方便，也很有吸引力。一张现摊的煎饼，里面包上鸡蛋、火腿肠、土豆丝、豆芽菜，再加一叶翠绿的生菜，最后刷上辣酱，包起来，口感清爽，有肉有蛋有菜，营养均衡，已经流行多年。

与煎饼馃子有着相同做法的还有烤冷面。它的原材料是加工好的冷面，也是放上鸡蛋、洋葱、香菜，加上特制的酱料和米醋包裹起来，它的特点是可以自行添加材料，有点儿自助的意思，比如鸡柳、金针菇、辣白菜等，使口味更加丰富。

炒焖子，也是沈阳人喜爱的小吃之一。它是用地瓜淀粉制作的，呈墨绿色，颤巍巍的，再配上醋和辣椒酱，最后点缀些香菜和葱花，皮焦里软，吃起来很筋道。它本身其实没什么味道，味道都是来自那些配料。

烤面筋，在夜市摊儿上到处都可以看到它的踪影，用竹签子穿好的面筋在炭火上烤熟，然后撒上孜然、辣椒面和酱料，色泽诱人，看着就直流口水，吃着筋道有嚼劲儿。

烤生蚝，用新鲜生蚝通过炭烤而成。将蒜蓉、姜末、辣酱等佐料放入刚刚撬开的生蚝内，再直接放到火上烤熟，它最大限度地保证了蚝肉的新鲜，还增加了蚝的野味感觉，当然也保持了它的营养不流失。

烤猪蹄的小摊儿，你远远就能闻到它的香气。这是近年新兴起来的街头小吃，猪蹄富含胶原蛋白，把猪蹄卤好之后，再将它们在炭火上烤一下，撒上烧烤用的调料，外皮焦脆，里面非常地软糯，吃上一口唇齿留香，保证你会爱上那个滋味。

还有一道小吃韭菜盒子，那不可思议的鲜香令人久久难忘。将烫面揉软，醒一会儿。把新鲜的韭菜切成碎末，鸡蛋摊熟搅碎成丁，再加入虾仁或海米，拌成馅儿，以面皮包成饺子状再压扁，放在锅里两面煎熟。韭菜盒子表皮金黄焦脆，馅料韭香满口，深受沈阳人的喜爱。

曾经有位朋友说过，她吃各地的烤地瓜，还是数沈阳的最好吃。所以只要她来沈阳，就必须找到街边小摊儿，寻找20世纪80年代那味儿。是的，每个沈阳人都有在嘎巴冷的天儿里，捧着一个烤地瓜边走边吃的经历。当气温降到零下20℃时，走在街上，那风像刀子一般地割你的脸，手冻得有些麻木，嘴唇也冻得说不清楚话时，你发现一位大爷身穿大棉袄跟铁塔似的守在他的炉子旁，顿时你会生出感动来，赶紧奔着那温暖而去。你说要稀瓤的，大爷会用戴着棉手闷子的手伸进炉子里，捧出一个红彤彤的烤地瓜。当你捧着这根烤地瓜时，就像捧着小火炉，那热气直接穿过棉衣抵达你的内心。你揣着它走一会儿，觉得被冻僵的身体慢慢暖和过来了，你再扒开皮，露出里面的红瓤儿，要趁着热吃，最好有些烫嘴，只要还禁得住，那满口的甜丝丝、软乎乎，入口即化，地瓜的热气与你呼出的凉气凝结在一起，那个舒坦，立马会觉得烤地瓜就是冬天神一般的存在。

总之，沈阳街边小摊儿上的烟火气，便是这座城市的日常记忆。它离你那么近，那么亲切，每日都司空见惯。只有当你远离的时候，它才会时时敲打你的神经，提醒你什么是故乡的味道，什么是家的回忆。

当你不断地了解到小吃从业者的家世传奇和围绕小吃产生的名人轶事，这便让单纯的美食体验又带有了神游古今的感觉。在漫步中，听见小吃摊上传来的吆喝声，闻着一阵阵沈阳烧烤的肉香扑鼻，真有一种幸福生活中惬意的感受。

更多的吃食，藏在大街小巷里面，藏在寻常胡同和高楼大厦之间，藏在城市老百姓的心里，藏在街角的早餐和消夜的江湖中。

街边味儿，其实是人间最重要的诠释，必然和食物息息相关。街边吃食，是美食诠释城市属性最重要的元素之一。

我这么说，不会有啥异议吧？

吧嗒滋味的时候，或许还会赞同地说上一句，街边味儿，丰富了城市的特质和性情，琢磨一下，还真的是这么一个理儿。

人类对食物的依赖，犹如对阳光、水和空气。种子，其实就是食物的简单象征。而在日常中，人对食物的喜好，从生存意义上有了提升的根本，那就是从简单的食能果腹到懂得赏味，是一次飞跃和提升。

于此，我们就拥有了对食物的欣赏之上的鉴别和深入了

马家烧麦（卖）

鹿鸣春澄沙包

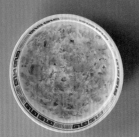

解。人类开始对食物的组成结构，调料的成分、产地，甚至是地理环境的影响，大多有了初步的感官印象。

南甜北咸、东辣西酸，不能一概而论。可是，这或许是古人对食物味道最初的判断和归纳。

一个地方一个味儿，一个人对食物的越界，其实最重要的是，能够破除山海羁绊，走出自己的地域，才会有挣脱束缚的愉悦。

我出生在北方，成年后经常去江南，及至而立以后，游走在南粤和川陕，所有的人生履历和故事内容，回想起来都离不开味道的陪伴。

我能够想到的是，最普通的味道，一定是从街边味儿开始的。

人在旅行中，遇见的山水、风物、食材、味道，皆为缘分。

我是土生土长的沈阳人，这个称谓，会温暖我的一生。

人一开始走在街上的时候，特别会沿着老照片里的印象，行走和寻觅。在沈阳，我的重心就放在了各种美食攻略之上。一些小店，一些不是繁华所在的街边小食，更多的是融入当地风土人情的浓浓味道，品尝和以此为生活的感受，完全是不一样的。

最早的宝藏小神店，如今在市区开了数家连锁店的关小串，就是出自当年铁西一处住宅区对面的街边烤串摊子。想当年，一个园区捧红了一个小摊位。街边的烤串小神摊儿，摇身一变，成了名驰遐迩的宝藏级城市烟火小神店儿。

跟他同时起家的还有一家老式麻辣烫——姥家戴记老式麻辣烫。据说现在也是连锁经营了。

想当年，这两家店毗邻相拥，共同以独特的配方和热情的服务，成全了众多挑剔的食客，成就了小店儿的生意，也在无形中，成全了自己。

街边味儿，与珍馐食材无关，与独特个性有关，与值得眷顾的怀念和怀想密不可分。

这一点，无论何时、何地，都有着极为鲜明的特点。

入口的是食材，入心的是城市的锅气与烟火。

一处大树下的酱拌菜，一卖十几年，甚至更久远，一处街边的馄饨摊儿和饺子摊儿，能够令不止一代人捧场惠顾。一碗刀削面，一碗麻辣烫，一处铁皮棚子里的熘豆腐和四样菜，使得众多当年的旧食客，已经发达后，还能开着豪车不远数十公里，来吃一碗心心念念的老味道。

这样的人与事，或许，只有出现在我们的身边，才能够相信，并且为之动情。

每个人都有自己的味道舒适区，有的在高楼大厦间，有的在明堂瓦舍中，也有的在市井巷陌里。

我于沈阳寻味、寻鲜，寻这一座城市的前世与今生。慢慢地了解到，更多的吃食，在我心底里，是藏在沈阳的城市街角和隐秘的生活区的。

推而广之，我们会发现，人生就是旅行，而旅行，其实最重要的诠释，必然是和食物相关联。街边吃食，是其中最重要的元素之一。

就这一句话，一般人不一定能领悟得到。我私下寻思，话虽然简单，还真的是这么个理儿。

鸡架与烧烤里的重工业后现代风

　　每一座城市的美食关键词里，都会有几个特别接地气和市井民情的食物名字。这些食物，或出于历史悠久的传说，或出于地域自然的风物溯源，或因为承袭了不同时期朝代文化的熏染。所有这些，都是因为食物和人的紧密关系造成的。

　　我们寻常旅行，去陕西吃羊肉泡馍、肉夹馍，去山西吃刀削面，去湖南吃米粉，去四川吃兔头、棒棒鸡，去湖北吃热干面，去京城吃炸酱面，去沪上吃生煎、葱油拌面和鲜肉月饼，诸如此类，都是因为对美食地域性的认可和靠近。

　　当然，这些是以省为辖区的，更细化一下，就会具体到各个城市。有时候，一种美食、一种饮食文化习俗，就接近了这座城市的乡土本源。天津的煎饼馃子、咯嘣菜，北京的豆汁儿、肉龙、焦圈、咯吱、羊霜肠，重庆的小面，乐山的甜皮鸭、跷脚牛肉，都是城市美食之上的元素符号。

　　甚至，只要一出现这样的文字，就会发现，我们和这些城市的地理距离，已经并不遥远。

　　有鉴于这样的美食逻辑推理属性，我们会发现，沈阳这座城市的美食元素符号，更适宜搭配的是鸡架与烧烤。

在沈阳，我们向来有这样两种接近本质的民间说法，因为深受广大本土人民的认同，目前已经接近到传说的境界。

　　一个传说是，没有一只鸡架，能够逃离沈阳人的餐桌。他们会用重工业的碾压和匠心独具的味蕾体验，让所有本土沈阳人和外来者都体验到鸡架和各种形式的腌制烧烤、铁板、熏酱、凉拌从内容到形式的全新方式。

　　另外一个传说是，重工业的餐饮全新进阶，将这座城市的烧烤，兼容了南北各派的美食烧烤的核心元素，形成了厚重兼具灵活多变的味蕾触摸式变迁，将舌尖上的舞蹈与机器时代浑厚和嘹亮的赞美诗，一字一句，灌注在食材和衍生的产品中。

　　在这里，沈阳城市的美食元素，与重工业城市、共和国工业动脉的输血地、中国历史文化名城的诸多元素，都融会贯通于一体。据说鸡架最初流行于铁西，由那些钢铁一般坚硬的工人，在重工业日渐衰落的情形下，利用鸡的边角料重新讨生存的故事，充满了无奈与悲壮。看似毫无关联的工业与鸡架，却有了宿命般的连接与融合。而鸡架在沈阳人的手上，有了鲜活的生命气息，做到了极致。不用说那些烤鸡架、煮鸡架、炸鸡架、炒鸡架、熏鸡架、酱鸡架，光是那些调料就有孜然的、椒盐的、麻辣的等各种口味。

　　沈阳男人，一只鸡架、几瓶老雪是标配，要的就是那个"嘚啰"，品的就是那个味儿。

　　水煮鸡架，一般与抻面、手擀面搭配，老四季、老王四季抻面、沈阳人人四季抻面、许家抻面、小俩口手擀面，这些店里的鸡架，水煮算是最早的本味，后续才有酱拌和熏酱，又成了提升食材味道的新式拓展产品。

等到了独立门店，这类熏酱一般与肘子、肉肠粉肠、小肚儿、猪耳朵、酱牛肉、熏鸡等，形成矩阵式的产品排面。

刘老根大舞台、大东门农贸市场、重工街、铁西云峰街、皇姑沙子沟、北行、城东的黎明204地区，好多城区里面都有本地人各自吃了几十年的熏酱鸡架品牌。闫家鸡架、马家鸡架、迟家鸡架等排名不分先后，全看个人喜好。

有的或许因为名人吃过，更具有市场传播效应。

而这几年，陆续出来的新品牌，更是层出不穷。

新的经营理念与连锁模式，让一种美食能够迅速在大众的味蕾间传播开来。就像在沈阳遍地开花的玖福记，以一种轻盈的模式，在传统熏制鸡架的基础上加以创新，让顾客在鸡架之外，还可以自由选择其他配品：老汤煮制的土豆片、干豆腐、海带扣、藕片、麻辣花生等，并将之与鸡架拌在一起，麻辣鲜香留于唇齿之间，让原本作为佐酒小菜的鸡架登堂入室，成了一道主菜，甚至还替代了主食的角色。也让食客在某种程度上参与进了这场鸡架"大餐"的制作之中，给了大家充分的选择自由。

白煮、熏制、凉拌，让鸡架的本味充分发挥，也让食客的动手能力得以施展。而鸡架与火更深层次的接触，在厨师的智慧与经验之下，将调料的作用发挥到极致，将鸡架的美味定格到高点，这便是炒鸡架的魅力。不要小瞧了这一道菜的力量，甚至能让一家小店因此而闻名，长盛不衰。位于铁西百货后身小巷子里的群乐饭店，被食客公认为"小神店儿"。神在哪里，无外乎味道与性价比。将这两大要素做到极致，便足以让食客津津乐道。群乐的辣炒鸡架，用糖将鸡架的鲜发挥得恰到好处，辣则成了击溃味蕾的最后一道利器，唇齿与骨、肉接触之时，味道已经入了食客的心。再配上一碗米饭，吸收汤汁中的精华，满足感便展现得淋漓尽致。

在肉与火的碰撞之中，鸡架若还是显得有些单薄，邀请亲近的朋友来一顿大餐，烧烤或许是必不可少的。这种火与肉交织的美食艺术，最早可溯源到远古时代，一场闪电引发的山火，让先民第一次从烧焦的野猪身上闻到了肉烤熟后的香味儿，也从此逐渐掌握了以火来驾驭美味佳肴的能力。而烧烤这种烹饪方式更是绵延万千岁月，直至今天，还是东北人民饮食习惯中非常重要的一环。

当然，在文化迁徙、岁月流转之中，烧烤技艺与烹饪差异，也在各地显现出来。比如新疆的红柳大串儿，红柳枝穿过大块儿羊肉，只搭配以盐、孜然、辣椒面等最基本的作料，凸显羊肉的本质味道。到了四川，烧烤又刷上了椒水，重油重辣，另有一种滋味。而到了东北，每一省份，甚至不同城市之间，烧烤技艺也有不同，各有特色。黑龙江齐齐哈尔，烤肉似乎更家庭化，拌制好的牛肉在铁盘上吱吱的声响令人陶醉；吉林的烧烤，有的会刷上蒜水来激发肉的滋味，而有些地方也将自己的特产融入烧烤之中，如柳河的干豆腐。

沈阳的烧烤似乎是融千家之长，既有那些传承多年、带着无数儿时回忆的传统烤肉店，也有极具创新、包容万象的新式烧烤店。

而烧烤的品牌更是有着深厚的城市民俗底蕴。

传统的肥牛、瘦牛，没有任何调料的修饰，却也能在炭火的烘托之下将滋味尽情展露，再来上一碟酸甜可口的拌花菜，接下来便是推杯换盏，觥筹交错之间穿梭市井百年。当然，在酒肉皆足的时候，若是还意犹未尽，一碗冰凉清爽的冷面，那也是沈阳人必不可少的。在沈阳人的童年记忆中韩都烧烤便是于1993年从五爱街的一家冷面店逐渐发展起来，走进沈城百姓视野的。

老牌的韩式烤肉除了韩都以外，还有后续的如奉吉、黑牛的店、韩盛、鲜一、国华、韩朝、啊美丽、云龙、冷面大王、泰川等，几乎都有十年、二十年以上的历史，有些店甚至可以追溯到改革开放初期。品牌历史，甚至可以达到四十余年。烤肉的品类也逐渐丰富，比如奉吉、鲜一、韩盛等店都推出了调味类肉，也抓住了部分食客的味蕾，黑牛的店则将肉的品质不断升级，和牛、黑牛，回归原生态与本味，更是驾驭了炭烤与肉质接触的时间与味道间的公式。此外，有些店也推出了增值服务，比如免费的冷饮和南瓜粥，也成了食客心仪的饭后雅趣。

当然，烧烤不仅仅是烤肉，也有烤串、烤鱼，甚至更为粗犷的烤羊排、烤羊腿。

这样的话，烧烤的战线已经是相当漫长，似乎又令人有无所不能的食材选择大法加持。

鸡架特色店推荐

老王四季抻面 地址：南六东路31号

闫家炸鸡架 地址：岐山中路62号

马家鸡架 地址：五里河街电视台后侧

老迟家熏鸡架 地址：三好街永安路6-1号

玖福记熏拌鸡架 地址：和平兴岛路龙湖唐宁ONE/五三乡浑河堡村临波路 等

烧烤店推荐

韩都烤肉 地址：北顺城路51号/兴华北街19号 等

鲜一烤肉 地址：北热闹路84号/长江街9号甲 等

国华烤肉 地址：大什字街6号

奉吉烤肉 地址：十一纬路149号 等

云龙炭火烧烤 地址：珲春南路16号 等

啊美丽炭火烤肉 地址：南六中路21号 等

一顿烧烤 地址：八经街72号3门 等

烤五行 地址：敦化一路14号

九福小串 地址：东陵西路26号18门 等

蒙王特色烤羊腿 地址：昆山西路152号-2

炑羊香烤全羊 地址：长白西路56号甲

寻鲜之旅

民以食为天，食以味为鲜。

沈阳素有四季分明福地之称谓。一城之位以鲜度之，沈阳的美食，与美食选择的地域性的丰富食材大有关联。本地人说到美食的源流和辉煌，都会眼睛发亮、脸色放光，大有骄傲自豪感。从宫廷旧俗、民国宅门，一直说到名闻天下的老边饺子、马家烧麦（卖）、李连贵熏肉大饼，神采飞扬，与有荣焉。倘或由古及今，调到鸡架、抻面、小烧烤这样的消夜江湖的频道上，懂行的吃茬儿，甚至会详细地说道，老四季鸡架的榨菜与鸡肚儿搭配得是否合理，研究出韭叶、宽条、中条的宽度，老饕们的嘴，就是味道测量的尺子，一入口，食物本身的味道立马在脑子里形成标准化的元素排列表，对照过去吃时的记忆，迅速得出一系列的结论：师傅抻面的力度，醒面的时间，揉捶打的方向，汤的咸淡，鸡架的配料是否合理。

沈阳的饮食味道，向来有包罗万象、包容四方的雅量。而寻找沈阳美食的鲜味，则需要依托四季的更迭和迁徙，需要一个季节一个季节地探访和追寻过去。

时令是带着颜色的，夏天尤其浓郁翠绿。这好像是人通常的感觉，不过，比较起春天的乍暖和苏醒，夏天的味道仿佛是从颜色上更深了一些。

这是一个食物钟爱者小小的舌尖翻卷时的体会。比较四季的更迭，夏天的意蕴和回味，更加像一天幽深苍翠带着草木清香的路，长长的，看不见终点。

一个人走上去，很慢，很缓。有些慵懒，但是骨子里面，却是无尽无休的淡然。不像春天的惊喜，秋天的旷远，也不似冬天的悠然。

素然天生，一味清心。

其实，春与夏只是一种文字的概念性模糊。草木的气息，由新鲜和生机，转化为淡淡的阳气，绿得茂盛，绿得平淡无奇。新春的鲜韭，不再是餐桌上和脑洞里的万有引力。这个时候，人的胃口，变得慵懒，索然无味最能联想到的就是这个时令。

没错，是这个时令，好像俗世的谚语。说到这个时令，最有味道的也不过是头伏饺子二伏面，三伏烙饼卷鸡蛋等。好像这几句蛮熟悉的，没错，想都不用想，过年那几天，也是这几句，只不过换成初一、初二、初三而已。

其实，在国人的厨房和家常手艺里，夏天的食物是最丰盛和庞杂的。海鲜不错，烧烤也是应时，瓜果时蔬，天南地北，不妨多少留意一下。西瓜入餐，瓤可做果盘甜品，皮既是咸菜坯子，也是炝拌佳料。槐花阴干可烙饼、嫩茄子、黄瓜梗、满山的野菜虽然不如春时的清嫩，但好在食材不缺。至于各类肉食，在夏天也是点睛之笔，即使你吃不了那些，也不会有厌恶感。

倘若你守在海边、河边，各种贝类、海鱼、河鱼，乃至一些叫不出名字的生物，都会成为餐桌上的佳肴和美味。

或许，我们会说，夏天的食物，阴气中抵达阳气的极致，绿色与山野，阳光与海洋，都会让食材在空气中平添一种淡淡的舒缓之意，节奏开始变慢，心境也趋于平实，舌尖与五味融合，融为一体。

有时候，甚至不用以舌尖品味，所有的过程，看上去就已经那么美好。这，也就够了。

夏天的菜品，推荐羊肉，解暑去湿，补益中气，健筋骨，荣皮肤发质，羊肉入菜入粥皆可。康平的齐家羊肉，则是入了非遗名单的县域美食。

除了羊肉，鱼头也是佳选。清蒸、红烧皆宜，喜辣者可将剁椒、大红黄灯笼椒加入，配以五常米饭、稠粥，佐之江南阿婆雪菜，岂能不大呼快哉过瘾。

而说到鱼，由夏穿梭到冬，冬季康平卧龙湖的冰捕，更是令人有北方冰雪味道里的新鲜。倘若有机会得到，干炸红烧一盘，搭上一碗羊肉烧的山菜豆角干，心情和味蕾便如同在草原上浮动，意兴飞扬。

沈阳的棋盘山，因为秀湖而显得灵气十足。有山有水，有水有鱼。有鱼宴和农家土菜，倒映的是山水清音，荡漾的是自然回声。一道食物的兴衰，也是食材的兴衰。沈阳东面的山，山中的湖，冲出去的河，河两岸的稻花，相辅相成，形成了沈阳独有的山川地理，也因此有了独特的鱼宴文化。单说这一脉山水养育的鱼类，无污染、自然生长，长山白的泉水汇聚而来的水脉，再浸润过花花草草和各种草药，使这里的鱼肉质地细腻、口感清新、营养丰富，且具有食疗效果。

沈阳市面上的鱼一部分来自东面的河鱼，一部分来自南面的海鱼。随着现代化交通工具的普及，海鱼通过高速公路两小时便可到达沈阳，所以现在的盖县小海鲜、丹东黄蚬子遍地都是，吃法也是五花八门，但无论怎么吃，一个"鲜"字道尽了鱼的精髓，而一个"余"字尽显沈阳人对富足的期望。

一方风物篇，写尽沈阳的逝水流年。当年乾隆曾经四次东巡祭祖，留下"世界的诗篇"。其中专门写过这方水土中的鱼类：鲤鲂鳟鳜，鳂鲫鳙鲢，鲦鲴鳢鳢，鲍鲒鲇鳝，比目分合，重唇浮湛，剑饰鲛翅，柳炙细鳞。而这里写到的鲤鱼、鲫鱼、鲢鱼等在沈阳的水系里繁衍至今，依然如同当年一样鲜美动人。

一鱼掀藕钱，一鱼绕藕梗，

一鱼唾花须，一鱼唼花影。

好一幅优哉游哉的游鱼图……好鱼必得好水，好水来自长白山。那浸泡过各种中草药和人参的水，那带着各种微量元素的水，那浇过草木与花朵的水，不含一丝杂质，这方水域才是真正的纯净、天然，这里的鱼才配得上"野生"二字。以较高纬度较低气温水温，以丰富的沉水植物和底栖动物，造就了鱼类的优秀品质，这里的野生鱼是沈阳人离不开的人间美味！

沈阳人吃鱼，最原始的吃法莫过于清水白煮，这是最简单却又是最能保持原汁原味的。相传当年清太祖努尔哈赤率兵经过一片水域（今大伙房水库），官兵又饥又渴，看到水里游鱼跳跃，便停止行军，埋锅造饭，用河里的水炖河里的鱼，味道鲜美可口，令人大饱口福。我不知这种吃法是否始于清太祖，但河水炖河鱼在民间是有着相当的认可度。

沈阳人吃鱼，是有规矩的。谓年年有鱼（余），吉庆有鱼（余）。除夕夜吃鲤鱼，鲤同"礼"谐音，过年吃鲤鱼大吉大利。吃鲫鱼，鲫同"吉"谐音，过年鲤鱼和鲫鱼一起吃就是大吉大利。吃鲢鱼，鲢同"连"谐音，过年吃鲢鱼就是连年有余。

为了吃出连年有余的好兆头，年夜饭吃一条，大年初一吃一条，就是连年有余了。如果准备一条鱼的话，年夜饭吃中间，大年初一吃头尾，这样就是连年有余，有头有尾。

摆鱼也有讲究：鱼头要对着贵宾或长辈，体现尊敬；来客是文人，将鱼肚对着他，赞他肚里有墨水，满腹文章；来客是武将，将鱼脊对着他，夸他刚武豪放，可做脊梁。还有鱼端上桌时的摆放，鱼头对着谁、鱼尾对着谁，摆下后不可再端动。

鱼头所对的人"剪彩"，鱼尾所对的人"赞助"；先由二位对饮一杯酒，再由鱼头的人首动筷夹鱼吃（所谓"剪彩"），随后大家才可以动筷，热闹气氛，欢语一片。

沈阳的鱼店，多得数不清。炖鱼永远是硬核，煨上料酒与醋，两边煎成金黄，有人放几片猪肉，葱姜蒜必不可少，再放豆瓣酱，最喜欢那咕嘟咕嘟的声音，配上晶亮的大米饭，就是沈阳人的家常味道。而红烧鱼则是婚宴排面上的硬核，更是不可或缺的一道硬菜。清蒸鱼要的是那个清淡爽口，烤鱼要的是那个外焦里嫩，水煮鱼要的是那个麻辣鲜香，但最爱的还是那道奶白色的鱼汤，上面漂几点青翠的葱花和香菜，喝到浑身微汗的感觉……

这时候，我们会对沈阳的一切美味食材和四季分明的景致，油然而生出一种敬意。

致敬这一片富饶的土地，供养我们的先民和祖先这么多年。

棋盘山、七星山、马耳山和浑河、珍珠湖里的食材和独特做法，在烹饪者手中，烹制的菜肴已经是近乎古意。

一味鲜，万物兴。

让我们静下心，在时光的润泽中，品尝沈阳四季分明的食物，寻味鲜之道，食中也有哲思与禅道，细细琢磨，挺有意思的。

沈阳的寻"鲜"地儿

小渔港 地址：宁山路东路40号 等

沈阳开了二十年以上的老字号海鲜店。我是从开店就来吃，一吃就是几十年。如果我的记忆没有错的话，他家最早的店是在皇姑开的。现在在沈阳有三个店，宁山路店、沈铁路店、青年大街店。

一般来说，我一向管沈铁路店叫南八小渔港，管宁山路店叫"五一商店"店。食材新鲜，味道厨艺保持得不错，我喜欢的"鲜味"有生卤虾、红烧大黄鱼、捞拌鸟贝、生炒大蚬子肉、清蒸鱼类，他家也是沈阳比较早的有甜咸口味大花卷的店，三鲜韭菜盒子令人有"鲜与鲜"融合的感觉。

最近吃过宁山路小鱼港，原有的明档基本以海鲜为主了。捞拌活海参、虾爬子饺子、海胆饺子都别具特色。

盖县海鲜粗粮馆 地址：铁岭路86号

酱焖杂拌鱼、卤青虾、鲅鱼饺子、辣炒小人仙、辣炒蚬子，味道靓，性价比高。

盖县人家 地址：文萃路59号

鱼馆 地址：青年大街万豪酒店1层

老牌酒店，在皇朝万豪酒店里面，沈阳人早期非常推荐的吃东北特色鱼宴的好去处。价格适中，红烧肉、红烧大马哈鱼、白鱼清蒸、鳇鱼炖土豆都是值得品尝的上佳菜品。

盖县小海鲜 地址：富民南街6号艺术家园1层

在艺术家园，去吃过几次，因为这个艺术家园里住了不少文艺界、文化界的朋友，虽距离颇远，却有着浓厚的"鲜味"，食之难忘。

在他家，我喜欢吃的菜很多，葱油螺片软嫩鲜滑，生卤虾新鲜入味，水煮黄蚬子有地道的鲜和地域的鲜，八爪鱼蘸酱，酱汁和八爪鱼的鲜，形成天然的味蕾极致。

拿回家大伙房野生鱼老菜馆 地址：小南街41号

这家馆子打出最响亮的牌子就是"大伙房野生鱼"。在沈阳城，真正能称得上"野生"二字的鱼恐怕没几家，而拿回家大伙房野生鱼老菜馆的鱼来自大伙房水库，每日清晨下网，上岸后即时送往菜馆。而大伙房水库作为辽宁七市的水源地，没有任何污染，那里的鱼不投饵料，均为自然生长，一条大鱼需好几年的生长时间。他家自制的鱼丸是绿色有机的，一碗丸汤奶白鲜亮，鲜到咋舌，喝到微汗。酸菜鱼丸、川麻鱼丸、螺蛳鱼丸、鱼丸白菜豆腐煲、糖醋鱼丸、南瓜抱鱼丸等菜品，将鱼丸中的鲜发挥到了极致，各有风味。而鱼的十几种做法更是令人眼睛一亮。烧、炖、蒸、炸、酱尽显鲜美，鱼的本真味道将舌尖上的味蕾调动出来，身心浸透，深入骨髓。

渔家乐小海鲜 地址：岐山中路与漓江街交叉口 等

位于皇姑，海鲜性价比不错的餐馆，周围居民心目中的好馆子。

迟记丹东人家 地址：联盛南巷中金启城西北门 等

浑南、奉天街、大东好多地方都有店，连锁经营。我去过不止一次的丹东海鲜菜馆，海鲜新鲜，海鲜饺子有独到之处，水准口味始终保持得不错。

鲅鱼圈渡海小渔船渔家菜馆 地址：腾飞二街16甲盛京医院对面

包房多，内部装修有渔家特色，烹饪的菜品出菜快，厨艺有特色，适合沈阳人的口味，主打渔家菜，确实很值得尝鲜。

口福之福

口福是民间对嗜好美食者的一种夸赞。

这个词，我觉得产生在北方的可能性更大一些，为此，我觉得口福是兼具地域性的。

山珍海味是由于地方的物产衍生出来的美食珍馐。"靠山吃山，靠海吃海"这句话的由来，就说明了不同地域的人，口福的区别与差异化。

南方的汤圆、馄饨，北方的饺子、烙饼，都可以是饕餮者口中的口福。

这在民间老话中早有定论。那一句"南咸北甜，东辣西酸"虽然概括性很强、精准性欠妥，但这些都有对地域饮食味道的具体划分基础。

细品起来，这样的民间老话，流传颇广的谚语，都是值得回味和令人口齿生津的。

"饺子两头尖，吃了便是仙""小孩小孩你别馋，过了腊八就是年""二十三糖瓜沾"，一直到"初一饺子，初二面，初三烙饼炒鸡蛋"，都是让美好的日子和美食衔接在一起，这便让人对口福有了更深一层的理解和认同。

沈阳这座老城，地处东北，口味自然对应的是北方地域性的饮食习惯。历史上，从游牧民族白山黑水的粗犷性格，到大碗吃肉、大口喝酒，到一朝发祥地的确立，及至清王朝历代帝王的东巡，都养成了粗犷和浑厚的饮食风格。自民国工业经济兴起，工业企业和商贸经济逐渐兴起，新中国建立后，共和国工业长子的身份对城市的多元赋能，都令这座城市的饮食文化逐渐厚重和丰富。

在沈阳，提及口福，自然有沈阳自己的独特地道之处。北方独有的杀猪菜、农家铁锅炖、饺子、熏酱与河鲜，带有宫廷民族遗韵的餐饮特色文化，都为沈阳的吃食增添了不少神韵。

对于口福的理解，各地的人都不一样。对沈阳的大众来说，亦有不同的选择和理解。不过，我不是专家，也不是专业的烹饪评委，只是一个民间美食的爱好者。

我所接纳和寄予希望的口福，当然是有着明显个人特质和个性的。

倘若我来筛选或推荐，我心目中的口福，对沈阳来说，要选的首先一个就是杀猪菜。这是非常符合地域文化饮食风俗的。

农家院，腊月一进，就到了预备杀年猪的时刻，每家每户养了一年的年猪，从小到大，膘肥体壮，都在这时候派上了用场。这是农家一年里最盛大的节日了，年的味道也由此变得浓烈起来。

屯子里有专门的杀猪匠，一到这时候，就成了最受欢迎的场面人，各家各户都要去请，除了一些必要的费用，都会用割肉，或是拿上下水，甚至是猪头作为酬谢。

几个壮汉捆住猪，好的杀猪匠只要一刀就能完成，主人拿着大盆接猪血，而蒸猪血是杀猪菜中不可或缺的一道菜，它鲜嫩爽滑，营养丰富。杀完猪，要把它抬到一口大锅前，用滚烫的开水褪毛，然后会按部位分好。

主人家一般都会摆下宴席，请屯子里的老少爷们儿来大吃一顿。除此，还要让小孩子拎着猪肉给亲戚家送礼，表达对亲友们的尊重与祝福。

猪的各种部位都会派上用场，这边，一场地地道道的农家杀猪菜，上了席面。那边，杀猪匠一般要把猪下水给收拾干净。对于关外的民俗来说，这就是最上等、最有排面的宴席，比起海参、鲍翅的席面，也没有丁点儿的逊色。

农家杀猪菜指的便是白肉血肠酸菜，当然还要有炖猪血，炖到入味，上面点缀着葱花。其次才是各种溜炒炸炖。这是这个地域最丰盛的大席了。这样上得台面的美食，更适合用饕餮的快意来品尝，酣畅淋漓之后，没有任何的理由和心念可以抵御。

而猪头一般要挂在户外冻上，等到二月二龙抬头的日子才能吃。先要用火燎，处理干净皮毛，再用火烧，扒猪脸。猪耳朵、猪口条都是上好的熏酱货，炸完猪头肉，最受人欢迎的就是猪拱嘴。猪头吃完了，这个年才算是彻底过完。

如果说什么能代表山海关外的民俗风情，在一顿饭中体验历史和文化的源流和传承，我想说，还是杀猪菜最直截了当，简单粗暴中，有着稳稳的厚重和踏实的感觉。倘若真说起来沈阳人的口福，我想，当然缺不了杀猪菜这一场重头戏。

自然，沈阳人的口福，跟我们的生活是密不可分的，并不仅仅局限于杀猪菜。倘若以个人视角来巡视一番，我自然会总结出我体验和感受到的口福。

从滑翔六小区开了二三十年的凯莱杀猪菜说起,康平卧龙湖的冬捕炖鱼、棋盘山的铁锅炖溜达鸡、新民的白肉血肠、大舞台的刘记肘子、老沈光的熏酱货——猪肘、猪蹄和鸡爪子、王记肘子、张久礼熏鸡、张拴记、那家猪手、重工熟食、满堂红、祥和炖肉馆、巢记炖肉等,鉴于还要有一篇文字专门讲炖肉,这里的叙述就点到为止了。

当然,最能在沈阳地域呈现"口福"的馆子,并不在少数。

有地域食材和烹饪技法的饭店和酒店,值得回味。肥鱼屯、靠山屯的炖菜因为鱼鲜味美而众口品评,点赞称道。位于怀远门的鲜渔鱻铁锅炖也是不少食客推荐的好去处。说到具体的菜品,铁锅炖鲴鱼或是三道鳞、溜达鸡、排骨、大笨鹅,将东北炖菜的当地食材和烹饪手法发挥得淋漓尽致。在轰轰烈烈的炖煮之外,搭配的特色凉菜有小葱拌鹅蛋、芥味扇贝肉、榄椒鲍鱼片、冷串双拼等,有调和味蕾之功效。除此之外,还另有甜品桃胶银耳雪梨、椰汁杞果西米露、杨枝甘露等,更能适合当下消费者的口味和多元化的需求。而且,与典型的粗犷类型的农家炖菜馆子不一样的是,这家铁锅炖环境、装修不俗,有设计师的精心布置,有绿植的包房以及雅致小间。

当然,东北菜沈阳口福,不仅仅是原始的满族风情的炖菜,也有多元化发展的宫廷和民国时期的宅门菜,更有民间三春六楼的意蕴和传承。这几年风头正盛,在著名的美食街区文安路和大型高端商场开了数家连锁店的奉天小馆,也是值得推荐的名店了。奉天小馆走雅致简约的设计风,文艺与气韵超凡脱俗，一改东北菜主打的旧时样貌，菜品改良融合创新创意，经典菜品有奉天老式锅包肉、雪绵豆沙、小馆过年菜——也就是我们通常所说的杀猪菜，杬果烧牛柳，水果的果酸让肉质更为嫩滑，我个人认为，这就属于是新派创意菜了。

当然，沈阳城之大，不仅仅这几家饭店有特色，能享口福的人，自然会关注更多的美食店家，也会关注性价比很高的特色店。就像一定要提前预约的家厨小馆，人均消费五六十元，特色菜肴令人回味，特色红烧肉肉质酥烂，肥瘦合适，是入味解馋的口福菜，制作精巧的牛肉炖山药、炒笨鸡蛋也都能突出地域文化的元素。

还有一些值得推荐的馆子，散布在城市的不同角落。百富源·海鲜辽菜，菜品种类繁多，大连鲍翅汤酸菜，一下子就提升了东北酸菜的品质和卖相，从简单的大骨头、血肠加酸菜，创新出招牌菜——鲍鱼、虾仁与酸菜的全新组合，食材品质提格升级，有了新口味的拓展；石锅海胆豆腐，这个属于获奖菜品，海胆融入汤汁，豆腐马上变得不普通；金奖大丸子，更是将沈阳老菜的底蕴承袭，突出了丸大、汤鲜，搭配娃娃菜，比大白菜更加鲜香入味。海鲜和东北菜完美地结合，将酒店的品质带上了特质化品牌之道。

这类菜品突出的饭店、酒店颇多，随意列出来都是让人有对口福沉迷的感觉体验。百福老丁头菜馆，据说是新民很火的一家店，特色菜品有香叶焗鸡脖，也是招牌菜，香脆可口，肉质细嫩厚实，他家的老式麻辣烫、孜然煎鳕鱼、丁福记极品肝、招牌锅包肉，也都令人赞不绝口。这是典型的特色小馆儿，而大酒店里，这种东北菜的规格，自然有另外一番景致风光。君悦的新奉天中餐厅，人均消费高，就餐环境优美，菜品有老式做法、酸甜可口、香脆在外香嫩在内的锅包肉，以及老北京果木烤鸭、蓝莓山药——山药类似凉糕，一改传统打成泥的旧模样，还有石锅土豆焖鲍鱼、脆烧绿茄子等。

位于皇姑区国奥现代城附近的东北大院，价格亲民，招牌菜品有老式锅包肉、酱香十足鱼肉肥嫩的地锅三道鳞，令人口齿生津，吃客品尝后频频称赞。大院拉皮、雪绵豆沙更是有沈阳传统老菜中的神韵。

当然，百家菜有百种烹饪手法，也兼容了服务和综合考量，同样是东北菜，主打的方向、客层都有所不同。位于嘉里城的鸿堂，那里就属于比较精准定位于高端消费市场。鸿堂的精致菜肴中，食客们会看到，薄薄的饼皮中夹着红糖豆沙馅的鸿堂饼、功夫鱼丸汤、油焖雷竹笋、老奉天熏拌百叶等菜品。

自然，也有传统老菜中的翻新创意菜，比如，秘制老式锅包肉、芝士黄金虾球、颜色黄金有招牌美誉的醋烹大黄花。鸿堂的雅致不仅仅是菜品，也有名字的由来。有食客品鉴后，赞不绝口，讲述出店名的由来，说"鸿堂"二字，出自"鸿宴风立，香溢满堂"。这样看来，名字取首尾二字，当真有高雅深意。

而相较于前者，我对位于三好街南面、五里河附近的七菜馆更有情有独钟的感觉，当年，没少和朋友在这里小聚。我在电视台参加活动或是在三好街附近有一些商务活动时，经常会把这地方作为中午简餐的打卡地。经常看见附近吃腻了单位食堂的媒体人、金融科技公司的员工们，在此出入。

自然，这样的店，靠的是持续久远的老菜味道。菜品样式不花哨，实在、味道好，其实这附近和他家比较相近的还有膳之坊老菜馆。一般来说，单位食堂之外有特色的馆子，都会选这两家。

特色菜中，纸包羊肉是由羊肉裹面炸，一块豆腐竟然能做出肉的口感。七菜馆的菜品和味道始终保持得不错，特色的菜品还有：锅包肉、私房白菜煲、半肉段烧茄子等，这些也都是脱胎于东北菜的老味道，有创意。

不过，说到沈阳人的日常口福，自然也离不开以饺子著称的这座城市的主打饺子的餐馆和酒店。南鹿饺子馆、王厚元饺子馆、老洪记、新洪记饺子馆、百富源海鲜饺子等。

这些酒店餐馆中，海鲜高档食材和亲民的东北菜兼容并蓄，海鲜系列鲜活味美，各式融合南北菜系的做法，老式传统东北菜和不断翻新的新式口味，逐步提升改良，新派和老派锅包肉、焦熘红烧肉段、雪绵豆沙，或是烤后凉拌、口味微辣、瘦而不柴的凉拌牛肉，主角是荤素搭配不一样食材的饺子，都能让足够贪恋口福之人大快朵颐。

倘若要简单一点儿，中街的李连贵熏肉大饼、马家烧麦（卖）则是传统老字号中的优选。一张大饼，酱香浓郁；一笼烧卖，吃出沈阳前世今生的风华与年代感。一想到吃食所在的这一条几百年历史的商街，不免有沧桑于过眼云烟的心旷神怡。

故宫的凤凰楼，紫气东来的牌子还是那样的沉稳，第一百货和头条胡同、总督府和张学良年少时出没的宅院，都在无声中静静地屹立，无言无语。这时候，口福和心神相互交融，也是一种令人怀念的心情绽放。

自然，这么大的一座城市，值得一吃，有口福的馆子，不止一家。

　　那家老院子、东北大院、八大碗，这些也都是沈阳人所熟悉的、解馋的地方。不过，解馋这个意思似乎是沈阳人都懂的，只是，一般人都把解馋叫白了，叫"改馋"。

　　口福，有浅到深，食材和烹饪技法，则是现实中最能打动人心的。

　　行走在美食的行旅中，我们怀着对沈阳景致和人文历史的怀远与凝视，低头时，深思味蕾的精致。这时候，加入一壶他们自己熬制的冰糖酸梅汤，身心融入天地间的空灵与想象，更接近于食材的本味与时光的厚重。

美食的小众和特质

一座城，美食的遍布与分类，有似于江湖。

这其中，小众和特质是个中最凸显的地方，也是一座城市的美食根脉与传承。甚至说，这些看上去不起眼儿的美食，却能够深入人心，为市井和餐饮界所接纳。

由小见大，由细微到全部，一座城市的美食文化底蕴与厚积薄发都是从小众的特质，凸显和张扬起来的。

正所谓，食味知天下。

在沈阳，人对食物的选择与品鉴，就是食物对人的影响与背景反射。

人生活在世俗之间，味道的高低和口味的挑选，是在不知不觉中形成的。在中国，先有八大菜系，后有新八大菜系。先有的八大菜系，没有咱们沈阳啥事，这是地域历史的原因。而到了新八大菜系，辽菜、吉菜位列其间。这也说明了，东北菜系在国人饮食中美誉度的提升。

其实，放眼天下，地域的美食，从来都是这个地域的一张最为霸气，也最有说服力的名片。提起白肉酸菜血肠，一定会想到白雪纷飞的北国。而浅斟低吟，鲈鱼莼菜，则是江南的韵致。

地域的差异，历史的云烟与浮华，慢慢沁入这每一种食物，又在这食物的本身上，敲打出隐约的痕迹。清远鸡、藏香猪、宣威火腿、汕尾生蚝、顺德凌鱼，都是国人在南北交流上的一种眷恋乡土的情怀与心思。

一寸山河，万里关山。将万般食物杂陈其间，我们无数的祖辈先人，将智慧和手艺通过这每一种食物，变化成自己的生存根本和情怀寄托。

提到老陈醋，山西人奉为人间至味；河南人吃到红焖羊肉口舌生津；湖北人将鸭头、热干面当成天下头等美食；广东人不来些早茶点心，好像这浑身就不太通泰。

一味、一地、一品，见民风、见智慧、见城市乡土的风貌和习俗。

山城嗜辣，据说与气候地势有关。江南软糯的口味，是跟山水秀丽搭界。

沈阳民风淳朴，有北地民俗的气质，有满风清韵的传承，都是值得体验和品鉴的。棋盘山农家院的全鱼宴、康平卧龙湖的冬天渔猎、大碗羊汤，辽中的苹果和大米，新民的血肠，法库的牛肉，都是令人向往的美食。

据说，每个人的口音、容颜，或者说是穿戴都可以改变，但是，饮食的口味习惯，却从来都是磨灭不掉的。有一篇外国的旧闻，说的是一个德国间谍，在第二次世界大战中，就是因为饮食口味暴露才被人发现的。看来，思想内心可以隐瞒，最不变的就是口味。

一地一口味，随着时代的更替，也在变化。饮食口味开始变得通达，上海馆子开始从地道弄堂更新到兼容川味，广东粤菜也混搭了东北、西北的豪放与豁达。

地分南北，人分老少，在沈阳，美食一道，久远深厚，值得尝试。

我吃过一家位置在皇姑的店，店不大，是在一个挺老旧的小区里。进了店里才发现，这是民宅改造的小馆子，专门卖日式料理。虽是小馆，但里面的食材新鲜上乘。老板做过多年的大酒店厨师，做这样一个小店，不过是为了不使自己昔日的手艺生疏，也是为了度过漫漫的无聊生活。"有点儿事做，心里安稳"，这是老板在我们进餐时，无意中说出来的一句话，却有一种触发人的内心性情的愉悦感。

和这种小馆子类似的小店有不少，随着时间的推移和生活的进步，在现实的社会中，以餐饮烹饪的调性，调整和慰藉人生的方式还会越来越多。我喜欢这样小众且有着独特气质的生活，就仿佛我们对光阴的一种默默的祝福一样。

尽管世事和口味迁徙，但是，一味知天下的老理，在沈阳来说，理还是那个理，诚不欺人。

作为一个常年在沈阳的街区巷陌行走的民间美食爱好者，我对沈阳文艺腔调浓郁的餐馆，有着像对诗歌一样的痴迷和沉浸式的喜爱。我喜欢的文艺腔调爆棚的一条街区，是金廊附近的文安路。金廊之于沈阳，是带着国际化大都市的风貌的，这里沿线的高端写字楼、星级酒店、高端住宅和各大企业，都有着国际化城市的外观和内涵。

万象城、嘉里城等商场以及君悦、香格里拉、康莱德、世茂希尔顿、皇朝万鑫、皇朝万豪等新老酒店汇聚在沿线，更是一道突出的商业人文景观。

文安路上的奉天小馆，周边一带的小众气质突出的餐馆，都带着独有的设计理念。奉天老式锅包肉、雪绵豆沙、小馆过年菜等一道道代表着东北特色与民俗的菜品，以及通过水果的果酸让肉质达到更佳口感的杞果烧牛柳等创新融合菜，都让食客们流连忘返。

同样在文安路，毗邻奉天小馆的隐庐·喰飨，装修设计理念令人有耳目一新的感觉。主打的菜品中，有外焦里嫩，一口下去都是虾肉的金栗煎虾饼，带有乡野创意菜气质的野菜菊花包是由干豆腐做皮，野菜做馅料，点缀菌菇酱，以及文火香烧牛肋肉、椰奶香芋南瓜煲、藤椒去骨猪蹄、鸡汤干贝竹笋汤、招牌手撕龙虾仔、蒜香煎银鳕鱼等诸多高品质菜品，无一不体现着创意与对食材的用心。

自然，这类餐馆的分布也很均匀，不同地段都有。兰湘子是湘菜馆中独有气质的连锁店，上过必吃榜，在中街、太原街、铁西等区域都有店。特色的菜品中有辣椒炒肉、长沙臭豆腐、一品鲜虾豆花（虾肉紧实，豆花细嫩）、霉干菜炒莲藕、蔓越莓蒸糕等。尤其是最后一个蔓越莓蒸糕，在湘菜里的搭配，绝对是出新的一款食物。

自然，也有的店，身在闹市，却营造隐之特质，将传统的中国山水文化和陶渊明南山之隐的内涵，了然于店名与内在装修设计之中。

这就不能不说到百年开埠街区南市场附近的古韵南山小馆。店里特色的菜品：一面香脆一面软糯的锅边馍、功夫麻椒鱼、水煮黑鱼、眉州古法冒鸭血、豌豆尖等。都有着川菜和美食的烟火气以外的美好和淡然。

倘若是喜欢更为热闹的感觉，胡桃里音乐酒馆也是相当不错的选择。音乐与歌声中，喧闹和繁华的火热激情里，胡桃里烤鸡（招牌）、锅包肉、彩虹沙拉、虾兵蟹将、家味毛血旺、水煮鱼、小龙虾、钵钵鸡都会让人有人间烟火和骚动的青春感。

我喜欢的菜系和菜品、餐馆和酒楼太多，沈阳城的味蕾，时刻在这座城市里绽放。

我在和平区的江南味道酒楼体验过评弹声中酣畅淋漓享受美食的过程，蟹粉狮子头、清炒鸡毛菜、桂花糯米藕、上海煎馄饨、东坡肉、糖醋小排、上海油焖笋、黄山臭鳜鱼、杭州老鸭煲、外婆红烧肉、上海白切鸡、西湖醋鱼、龙井虾仁、上海四喜烤麸等，恍惚间，让我回到三月的江南，看烟树黛瓦马头墙，看一泓水绿，让我在梦境穿越一样的味道中，回到西湖，回到徽州，回到婺源和四季温润的江南。

不过，无论是古法川菜还是融合的新东北创意菜，说到小众，必然离不了潮汕的美食。

我不止一次去过潮汕地区。美食如林，多如星子。无论是生卤虾、海鲜粥、牛肉火锅，还是猪血粥、凉拌鱼皮，都有着难以忘怀的味道，在回忆中盘旋不去。在沈阳，这一美食自然也不会少。在南市场和奉天街上都有店的潮粥记海鲜砂锅，其菜品有一品鲜虾砂锅粥、水晶虾饺、极品虾蟹粥、豉汁蒸凤爪、一口酥豆腐、招牌流沙包、鲜虾肠粉；青年公园附近的明记大潮汕，人均消费不贵，小肘子切片、肉质软糯、酱汁鲜甜的潮汕猪脚饭、虾仁鸡蛋肠粉、牛肉鸡蛋肠粉、虾饺皇、牛肉丸汤、肥肠饭、牛肉粥。

开在商场里的大树餐厅，虽然人很多，但我还是将其推荐为小众特质餐厅。口味没的说，一看每到饭口，门前排队等位的人就知道了。中街大悦城和铁西万象汇都有店。菜品以咖喱面包鸡、厚多士、椒盐小豆腐、正山小种奶茶、干炒牛河、大树白芥虾（已去皮的虾球外面裹着芥末和沙拉）、雪方椰奶冻为主打招牌，基本上喜欢这一类口味的都不会错过。

独立于商场之外，在繁华街区的店也有。就像八闽印象·闽南小镇，并非闹市和地标区域，也不是核心商务区，处于铁西兴工街上。泉州马蹄卷，算得上沈阳餐馆里比较少见的菜品，有食客品尝之后，觉得有些类似厦门炸五香的口感。清风明月，品武夷山大红袍，这类点心颇有茶点之神韵。入口之时，顿觉咸香口感，这中间还别有洞天，马蹄搭配鲜肉，蘸甜辣酱，味蕾在瞬间被打通。厦门海蛎煎和沙茶面则让我怀念起厦门的阳光和海滩，以及在中山路和曾厝垵漫步时的悠然自在。据说，他们家还有一道与安徽臭鱼味道相似的小镇怪鱼，鱼肉紧实爽弹，入口的口感极佳，我曾去过福建，包括厦门、福州等地，却从未吃过这样的菜，不知道是不是其他城市的口味，或是改良融合的。其余的菜品，一般人就比较熟悉了，比如，厦门的炒米线、灌口姜母鸭，外加仙景芋头，以及有点儿小酸的、跟重庆和成都的小酥肉类似的泉州醋肉。在这里，食客的味蕾会被椰风海岸和蓝天白云的回忆所打动，要是有机会的话，自然会动了去福建一游的念头。

闻名于全国的朝鲜族聚集地"西塔"也坐落于沈阳这座城市。这个城市的西塔街区，更有民族风情和特色。自然，由此也使得这城市里的韩餐和朝鲜族特色的烤肉、酱拌菜连绵起伏，遍布不同的地段。所以说，包罗万象也一直是沈阳餐饮中的特色。

我简单地搜寻罗列一下，味家烤肉烤鳗鱼牛排，菜品：

滋补活鳗鱼、蒜香排骨肉、冷面、秘制梅花肉、肋条、味家坛子肉；百济泥炉烤肉在西塔，是我吃过好些年的店，他家的菜品主要有活烤鳗鱼、老式肥牛、传统酸甜冷面、芝士玉米、拌花菜、梅花肉、炸年糕；草家真味酱蟹专门店，菜品：月梅酱辣蟹（招牌，生食爱好者必点。可以直接吃蟹膏，也可以用蟹黄拌饭，还可以将拌饭用海苔包起来吃，也可以用蟹酱拌饭）、草家酱油蟹黑松露口蘑、草家特色肋条、秘制牛小排、韩式芝士辣鸡爪；枣玛尔脊骨汤，菜品：脊骨土豆火锅（脊骨汤，骨头酥烂入味，土豆绵软香甜）、烤肉类、铁板牛小肠、米露、韩式炒杂菜（各种蔬菜与粉条的结合）；铁西万象汇的二丁目食堂，菜品：豪华三层牛肉饭、寿喜锅、日式蒜香鸡块（鸡块外酥里嫩，汁水丰富，搭配土豆泥酱汁）、刺身、澳洲顶级铺天盖地火牛寿司（火枪现烤）、和风土豆泥（丰富沙拉酱，搭配薯片碎）。

特色私房菜也不少，像和平区南市场附近的倾酒小酒馆，坐落于一个小巷子里的一间独立小院落内，里面别有洞天，仿若都市之中的隐居之地。由于空间有限，饭点儿需要提前预约。菜品：紫苏牛肉卷（紫苏包裹牛肉，油炸而不腻，搭配小青橘，提升菜品鲜度）、轻煎芦笋（芦笋清淡，下面是土豆泥，相得益彰）、西式牛肝菌拌饭、慢炖味增牛舌（牛舌入口即化，里面的萝卜和青笋入味）、黑松露南瓜酱薄饼（内馅是南瓜，饼上淋的芝麻酱）、杞果咖喱鸡、山葵牛肋肉；福楼·深巷里1906的菜品有黑松露焗和牛、胶原蛋白桃胶松茸汤、干烧大黄花鱼、青芥虾丸子、秋葵杏鲍菇、福楼锅包肉、清蒸东星斑、葱烧大连鲍；AMORE PAELLA 西班牙海鲜在市府恒隆商场内，菜品：西班牙海鲜饭（海鲜味道混合着米饭香气，米饭上包裹着浓浓的酱汁和海鲜汁）、西班牙蒜香油爆虾、tapas、轻煎西兰苔等；三秋舍·梦幻岛，菜品：主厨肉酱派大星比萨（薄饼底，边缘烤得酥脆，中心香软，五角星造型别致、口味独特）、朗姆酒烤榴莲、烟熏三文鱼牛油果饭、森林莓果果昔、黑松露葱油拌面等。

沈阳餐馆酒店的小众和特质，是最凸显个性的地方，验证了城市餐饮经营者独具匠心的审美与敬业，也是一座城市美食的根脉与传承、弘扬与延伸，所有的食材不在乎贵贱，所有的烹饪手法都在独有的心意中光大和绵延，这是沈阳城市的内涵和品质，甚至说，这些看上去不是大路货的美食，也能够深入人心，累积为一座城荣光的底蕴和厚重。

雪绵豆沙

新民血肠

宝藏小神店儿

餐饮讲究味道。味道的喜好是因为不同人的不同生存背景和成长经历而形成的。而对美食的追寻，则统一归纳为一体，那就是，值得众人共同叹服和惊叹者，是为美食。

味有百道，店有独沽。

这一点，在小店儿中的表现，尤为明显。

在成都和不少城市，这类店铺被称为苍蝇馆子。

在沈阳，这种餐饮馆子被称为宝藏小神店儿。

其实，放眼我所游历过的城市和乡村，这类宝藏小神店儿的数量是极为庞大的。在城市，在乡村和集市，遍布于大众的周围，不炫耀，不显赫，也没有任何的张扬和傲气，更不会带有市井的俗气和夸张。

这些店就是那样安然地存在着，街坊四邻，甚至搬走了几年、十几年的熟客，还会隔三岔五，跑上十几公里甚至几十公里路，回到这里，吃上一顿带着回忆的美食，酣畅淋漓中，体味不一样的光影和舌尖上的美好一刻。

我以往对美食的探寻，发现几乎所有人所住地段附近，都会有这样的小店儿。

乍一看，没有什么特殊之处。食材常见，食物和烹调的手法，也并不是令人惊讶赞叹。可是，日久年深，品评过这店的滋味的人，就有了不一样的人生感悟和体会。

如果，按照我们口味的欣赏程度来说，这样的小店儿，带着真实的锅气市井味道，我们的家人——父母、兄弟、姐妹，我们的同学、老师和朋友，我们近在身边或远在异乡的朋友，都会因为我们路过这样的宝藏小神店儿，而变得不遥远，不陌生。

室雅何须大，神店儿的重点，不在于店的大小，有的店面积颇大，也可被称作宝藏小神店儿，有的店店面很小，却没有神店儿的气质和特征。

店神不神，是不是宝藏，是不是值得收藏，在于味道和经年养成的风格。

除此之外，别无他选。

假设，让我推荐这样的宝藏小神店儿，我会做如下选择：

夕阳红 地址：小东路大悦城 B 座后身
菜品：软炸鲜蘑、辣炒鸡架、锅包肉、地三鲜、红烧日本豆腐、软炸里脊

钟家川味麻辣面 地址：和睦南一路 11 号 93 栋 204 市场内
菜品：麻辣面、麻辣肠、腊肉、凉菜拼盘

家顺大肉面 地址：砂阳路 150 号 等
菜品：鲜肉面、酱小土豆、大块肉、大骨棒炖酸菜

家厨小馆 地址：八经街 17 号

菜品：特色红烧肉（肉酥烂，肥瘦合适，入味下饭）、牛肉炖山药、炒笨鸡蛋

据去过的朋友说，这家店，是一定要提前预订的。这样的家常味道小馆，值得珍藏。

嗨家湘国民小炒 地址：沈北吾悦广场6层

菜品：家湘现炒小黄牛（到桌上现炒，不会很辣，牛肉很嫩，搭配芹菜清爽）、家湘肉汤泡饭、国民大碗臭豆腐、砂锅金汤豆腐（笋片、腊肉片、虾仁提鲜）

椒味太古里 地址：南八马路奉天巷 等

菜品：椒味水煮鱼、炝莲白、鲜椒鸡（这道菜是鸡肉跟青红辣椒一起炒制）、玉林街小酥肉

先启半步颠小酒馆 地址：南二马路35号

菜品：辣子鸡（招牌）、泰椒土豆丝、小炒汤圆、黯然销魂饭（辣辣的）、生爆牛肉（鲜辣江湖菜）

博多江浙饭庄 地址：八经街86号

菜品：无锡酱排骨（微甜，浓油赤酱，排骨软嫩脱骨）、脆鳞鲜鲈鱼（鱼鳞的脆与鱼肉的鲜嫩相融合）、茭白肉丝、乌镇虾段（虾去皮）、西湖莼菜羹、酱焖春笋（清淡鲜嫩，汤汁鲜美）

江南小厨 地址：云峰北街34-2号5-6门 等

菜品：浇汁小炒肉（现炒小梅肉，肉炸得很嫩，口味微

153

甜）、白灼西生菜、江南臭鱼、小厨凉皮、绍兴白切鸡、葱油墨斗、生卤虾、本帮红烧肉、杭茄鲜贝（凉菜）

炊艺乳鸽·煲仔饭大排档　地址：北四经街2-2号

菜品：石岐黄皮小乳鸽（招牌。外皮酥脆，肉质软嫩汁水饱满）、经典煲仔饭（米粒颗颗分明且饱满，锅巴与腊肠、金丝米相融合）、啫鲜牛肉（啫啫煲，大片牛肉，口感弹嫩）、白灼供港菜心（据说菜是空运过来的）、自制黑椒肠、煎蚝仔烙、啫土猪肥肠（肥肠糯而不腻，油脂已经浸入到汤汁里，土锅里配菜有熟蒜、生姜）

明记大潮汕　地址：十三纬路92号4-1-3

菜品：潮汕猪脚饭（小肘子切片，肉质软糯，酱汁鲜甜）、虾仁鸡蛋肠粉、牛肉鸡蛋肠粉、虾饺皇、牛肉丸汤、肥肠饭、牛肉粥

小徽州·徽菜馆　地址：临波路10-50号13号房

菜品：胡适一品锅、臭鳜鱼、问政山笋红烧肉、呈坎毛豆腐、蟹钳肉芙蓉虾双拼、徽式腌笃鲜

梅林居　地址：八王寺街41-9号3门

菜品：黑胡椒牛肉、干锅鲽鱼头、蜜汁黑椒肉、姥家小锅豆腐、特色臭鱼、姥家韭香碟鱼片（龙利鱼，酸甜口，带有韭菜香味）

傻子张大盘鸡　地址：沈辽路画苑小区8号楼4门

菜品：大盘鸡（分为麻辣、香辣、特辣）、日本豆腐、苦瓜煎蛋、锅包肉

西域来客·中国新疆 地址：宁山中路8号2门

菜品：新疆大盘鸡、红柳大串、手工酸奶、黄油酥皮烤牛肉包子（外皮酥脆，有浓浓黄油香气，内馅肉质软嫩）、坚果手抓饭（胡萝卜、黄萝卜、羊肉与米饭相结合）、西域馕包肉

蘭雲閣云南饭店 地址：昆山中路89-3号

菜品：自烤包浆豆腐（外焦里嫩，搭配蘸水和辣椒面）、云南乳扇、官渡小锅米线（米线里有大颗肉酱丁）、建水汽锅鸡、素烹豌豆尖、大理酸木瓜鱼、瑞丽酸笋鱼、宣威火腿洋芋饭

倾酒小酒馆 地址：十一纬路38巷5号2门

菜品：紫苏牛肉卷（紫苏包裹牛肉，油炸而不腻，搭配小青橘，提升菜品鲜度）、轻煎芦笋（芦笋清淡，下面是土豆泥，相得益彰）、西式牛肝菌拌饭、慢炖味增牛舌（牛舌入口即化，里面的萝卜和青笋入味）、黑松露南瓜酱薄饼（内馅是南瓜，饼上淋的芝麻酱）、杞果咖喱鸡、山葵牛肋肉（牛肋肉搭配口蘑，佐之少许山葵酱）

春艳砂锅居 地址：南八东路铁西新玛特商场旁

菜品：砂锅牛筋面（玉米面）、炸香肠、鸡排

麦香铁锅焖面 地址：北四东路御览茗居7号门 等

菜品：招牌排骨焖面、经典红焖肉焖面、鲜牛肉焖面

余丞记川渝面馆 地址：八纬路总统大厦东侧 等

菜品：风味炸鸡架、菌香臊子面、椒麻牛肉汤面、口水鸡、豌杂面

关小串 地址：肇工北街6甲1网点6门 等

菜品：自选各种烤串、麻辣烫、烤扇贝、烤茄子

姥家戴记 地址：肇工北街25号 等

菜品：麻辣烫、酱鸡骨棒、炸鸡排、鸡肝、麻辣鸡架

金多咖喱 地址：贵和街1-2号3门

菜品：炸猪排咖喱饭、欧姆蛋芝士咖喱、培根芝士可乐饼、土豆沙拉

老味道汤包 地址：启工街与南十西路交叉口东

菜品：灌汤包、锅包肉、腊八蒜炒肝、酥淋黄花鱼、白灼三样

群乐饭店 地址：乐工一街12号铁西百货后身

菜品：肉末茄子、辣炒鸡架、锅包肉、红烧日本豆腐

四菜一绝 地址：砂山南路4号砂山综合市场对面

菜品：锅包肉、脆皮里脊、干烧鲤鱼、杀猪菜

江 湖 菜

最早听到"江湖菜"一词，似乎有一种旷远心神、侠气万丈的感觉。

人在江湖，四海纵横。

最早听闻江湖菜的说法是在山城，最出名的水煮和麻辣烫都有江湖菜之风。其实，每一个地方都有江湖菜，就像每一个地方都有遵循传统的饮食文化，每一个地方都有开拓出新的内容。

有人说江湖菜和融合菜有异曲同工之妙。这一点，我觉得颇有深意。所谓江湖便是不被归于某一菜系，有着特立独行的风骨，但其江湖地位则是多年来得到民间认可的证明。

江湖之远，天涯之遥；明月在天，弯刀在手。

这是古龙眼中的江湖。

为国为民，江湖赴约；十八之约，千金一诺。

这是金庸笔下的江湖。

武侠的世界、江湖的世界已然遥远到了昨日的灯火和浩渺的烟波里。

江湖，在人海，在城阙巷陌，在市井，在我们深陷的红尘中，仿佛隐约间并没有离去。

餐饮的世界，同样有江湖的豪迈和咏叹，江湖的博弈和门派，更见证了不同流派的烹饪技法和师承的脉络渊源。

东北菜的豪气干云，西北菜的大漠风沙、黄土高原，云贵菜的奇绝险峻，巴蜀菜的麻辣鲜香、百味入川。直隶菜就是官府意蕴，飞入寻常百姓之家；闽菜的佛跳墙，则带着不言而喻的丰饶富庶美；豫菜里的中原古老人文历史厚重。皖菜中的荷包鲤鱼，徽菜里的黄山臭鳜鱼，扬州盐商的淮扬菜底子，自贡盐帮菜的咸为鲜、辣为骨。

一时一地，变换着花式，融入年代的递进与呈新。

品鉴食物，有的温婉、有的富有诗意，有的飞扬纵横、有的淡泊旷远，有的散发烟火锅气，有的则充满江湖意味，悠然中见性情和浩气。

在沈阳，吃王记骨头馆，吃家顺大肉面，吃太原街历史久远的四季面条，吃独特风味的回民饺子馆，吃塔湾江湖爆肚特色面馆，吃1984年就营业的白鹤冷面店的酱大骨头，吃路边小路子烤串的生蚝和黄蚬子，吃羊腿，吃重庆鸡公煲、火锅鸡、毛血旺……都是带着江湖的仪式感的。

菜品出新出奇，味道、样式和烹制手法的改良和革新，都是江湖菜的一种表述形式。不过，不仅仅如此，这些还都是基础，是表面的现象。更为突出的特征是菜系的路子野，不走寻常之路，不守寻常之规。山城的江湖菜以麻辣烫闻名于世，沈阳地道的江湖菜，自然有"乱炖"做门面。

吃那家老院子和东北大院，还有王家大院，吃五里河的七菜馆，都有江湖的正气和吃茬儿大快朵颐的神韵。

湘菜的黄牛肉小炒，是江湖的浩荡，如上岳麓山观禹王神迹碑，一品鱼悦烤鱼的青花椒烤鱼、蒜香凤爪、蒜香烤鱼、手撕口水鸡更是带着江湖浪迹的不羁与洒脱。

知乐香辣蟹皮皮虾，位置在和平区太原街商圈，他家的菜品有：香辣皮皮虾、香辣蟹、避风塘炒蟹、椒盐皮皮虾。

蠔友汇，融会贯通，无论是招牌的蒜蓉炭烤生蚝，还是海派生卤虾、新徽州臭鱼、上海本帮红烧肉、马家沟芹菜拌豆皮、土蚝金（生蚝小米粥，超级鲜美）、瓦罐神仙鸡都是江湖汇聚时的隆重和仪式。

炊艺乳鸽·煲仔饭大排档在和平，菜品不落俗套。石岐黄皮小乳鸽，外皮酥脆，肉质软嫩，汁水饱满；经典煲仔饭，米粒颗颗分明且饱满，锅巴与腊肠、金丝米相融合；啫鲜牛肉，啫啫煲，大片牛肉，口感弹嫩；啫土猪肥肠，肥肠糯而不腻，油脂已经浸入到汤汁里。

西贝莜面村，在沈阳的店据我所知有三家，最早的在皇寺广场，后续在中兴商业大厦、铁西万象汇等位置又分别开了店，兴华街上的店不知道是什么时候开的。菜品：黄米凉糕（冰凉沁心，软糯香甜，一口下去三层口感，搭配桂花汁）、浇汁莜面（莜面搭配西红柿浇头）、烤羊排、酸汤莜面鱼鱼、功夫鱼、小锅牛肉、奶酪包。

然后，我们必须知道的是，江湖菜跟店的大小、菜系和价位并没有必然的衡量标准。

群乐饭店是沈阳知名的小神店儿，藏在沈阳铁西广场铁百附近的居民楼中。我吃了很多年，不过，一般都是点的外卖。菜品有肉末茄子、辣炒鸡架、锅包肉、红烧日本豆腐，都是我这些年喜欢吃的。一般去铁西百货大楼附近朋友的移动通信店，中午的时候，都会叫上这样几个菜。那时候，白领和创业的新人，还有当地的老住户，都是将群乐作为生活中的一部分，当作标准的私人厨房。

四菜一绝在老城区，位置在和平砂山，当年的砂山是很多沈阳人熟悉的地名。老街区，老邻居，家常小吃食，价格亲民，三五知己好友聚在一起，冬日有酒，夏日有绿意，四道菜品——锅包肉、脆皮里脊、干烧鲤鱼、杀猪菜，都是人生一种慨然的情怀。

江湖菜，有的不仅仅是江湖，还是人情世故。

为此，我悟出来，江湖菜与地域分布和城市县域无关，这也是我个人对美食嗜好时的一种体验。

至于县域与周边，有人走天涯，江湖远地的气息浓厚。辽中的冬梅酱菜骨头馆，酱骨头、酱大骨、酱排骨都带着乡土县域文化中江湖菜的意蕴和风味。新民的百福老丁头菜馆，香叶焗鸡脖、麻辣烫、三鲜盖浇茄子、特色锡纸血肠、老式锅包肉、杀猪菜。新民血肠小饭馆，传统血肠、荞面血肠、干锅肥肠、酱缸咸菜、糯米血肠、小葱炒鹅蛋，都是有着回忆的餐饮美食去处。

回忆和江湖也是无法割舍的，就像我，很多年前，在十一纬路二经街附近吃过的"江湖大碗菜"，有着浓郁的湘菜气韵，自己，尚未忘记。

江湖在天涯与市井，江湖更在味道的核心最柔软处弥漫荡漾。而沈阳的江湖菜有着沈阳人特有的豪迈气概、世道人心和冲天侠义。

文艺与腔调

餐馆是需要格调与腔调的。餐馆里的文艺范儿通常是与食客的品质和修养融为一体的。

我谓生活，仅仅是逗号、句号相隔缝隙里的咖啡时间。每个城市，都会有一种解读的韵致。

在沈阳，每个人在节奏的缝隙中都会逗留，做一次深呼吸。所有的这一切，只为把美食和故事连接。

恰因此，人类始终不愿放弃愉悦和审美。

于是，才有了故事之外靠近情怀的餐馆里的文艺与腔调。

文艺的腔调出于本质与心灵的柔软部分，都是有着与生俱来的阶梯错位。而这柔软的部分，则是融入情怀的文艺范儿。

在触痛骨子和血液的内在视野中，随着品位的提升，都市中餐馆，走文艺风、讲究腔调的越来越多了。餐饮在现实洞穿想象的类别空间里能安静心灵，与之共鸣的，做文艺情怀事的，极好。

大树餐厅在中街大悦城、太原街万达、铁西万象汇三大地标商场内都有店。

菜品：咖喱面包鸡、厚多士、椒盐小豆腐、正山小种奶茶、干炒牛河、大树白芥虾（已去皮的虾球外面裹着芥末和沙拉）、雪方椰奶冻。

隐庐·喰飨 地址：文安路18号

菜品：金栗煎虾饼（外焦里嫩，一口下去都是虾腰）、野菜菊花包（干豆腐做皮，野菜做馅料，点缀着菌菇酱）、文火香烧牛肋肉、椰奶香芋南瓜煲、藤椒去骨猪蹄、鸡汤干贝竹笋汤、招牌手撕龙虾仔、蒜香煎银鳕鱼

同样是国际范儿一类的餐馆饭店，也有不一样的表现形式，这其中比较主流的还应该是西餐。

比较有代表性的是ONE FULL B&C（和平南市场），属于比较贵的，懂的人都知道，这地方吃的就是品位和优雅的氛围。从餐单上看菜品，就能知道食材的选择是否高端与稀缺。无论是澳洲安格斯牛柳还是惠灵顿牛排，都带着异域进口的标签，一般市面上少见的黑松露和香煎鹅肝，自从风味人间和美食节目的上映，让一般大众都有了一些认知。至于森林菌菇汤，还有类似提拉米苏这类甜品，在大众的眼中就是比较熟悉的菜品了。当然，还会有包括法国吉娜朵特级0号生蚝、意式茄汁烩海鲜、铁条扒岛国纯血和牛牛舌这样的市面上少见的菜品出现，这样一来，很多人心目中的西餐国际范儿就都在无意间流露出来了。

相比较而言，有些店是比较善解人意的，Ruski老俄俄罗斯餐厅位置在市中心，和平区十一纬路，人均消费在百元左右。他家出品的牛肉串、罗宋汤、香肠拼盘（香肠爆汁，

搭配番茄酱和黄芥末酱）、芝士烤饼、瓦罐牛肉（牛肉搭配胡萝卜、土豆，汤汁酸甜）、橄榄油煎口蘑、俄罗斯土豆沙拉（奶油混合土豆味道）、蒜香黄油饼、酸黄瓜，都是大众喜爱的菜品。

还有以下一些具有国际范儿和异域风情的店，也推荐给大家。

Leo pizza 地址：朗云街8-88号11门

菜品：烤牛臀肉比萨、多汁勺子炸鸡、沙拉嘿呦（蔬菜搭配无花果、牛油果）、肉酱意面

爱意牛排 地址：铁西万象汇5层 等

菜品：金枪鱼玉米粒配烤面包、榴莲比萨、西冷牛排、橄榄油煎口蘑、菲力牛排、焗薯角

可乐大叔私人厨房 地址：齐贤南街3号5门维康大药房旁 等

菜品：经典芝士牛肉堡、手工粗薯、菠萝培根堡

AMORE PAELLA 西班牙海鲜饭 地址：市府恒隆广场负1层

菜品：西班牙海鲜饭（海鲜味道混合着米饭香气，米饭上包裹着浓浓的酱汁和海鲜汁）、西班牙蒜香油爆虾、Tapas、轻煎西兰苔

三秋舍·梦幻岛 地址：小西路74-1号

菜品：主厨肉酱派大星比萨（薄饼底，边缘烤得酥脆，中心香软，五角星造型别致、口味独特）、朗姆酒烤榴莲、烟熏三文鱼牛油果饭、森林莓果果昔、黑松露葱油拌面

东南亚菜：

米娅泰式小厨 地址：黄河北大街74甲2号

菜品：咖喱虾、猪脚饭、炸酥梅（梅肉腌渍入味）、冬阴功汤、咖喱牛肉、咖喱海鲜饭、菠萝炒饭、香兰叶包鸡、泰式河粉

南洋餐室 地址：南杏林街5-1号 等

菜品：菠萝炒饭（米粒金黄颗颗分明，香甜爽口，上面覆盖着一层肉松）、咖喱面包鸡、冬阴功汤、柠檬鲈鱼、咖喱虾、干捞生菜、鱼露鸡翅

薇马克西餐 地址：清真路70号

菜品：鸡肉煎饼（薄饼夹着鸡肉，芝士味浓郁）、特制黄油鸡、黄油馕饼、印度帕帕尼、印度拉茶、咖喱蔬菜角、鸡肉抓饭、绿咖喱羊肉饭

爱在河内 地址：中街皇城恒隆广场4层

菜品：手卷鲜虾卷（外皮晶莹有嚼劲，内包一颗大虾和蔬菜）、河内炸鸡、火车头思念河粉、青木瓜沙律、咖喱牛肉、香茅猪排（鲜嫩多汁，搭配甜辣酱）、牙车快鸡丝沙律、百香果焗蜗牛

我在鲁迅美术学院附近，确切地说，是一处比较老旧的小区里，和朋友吃过一次越南的河粉。店在居民区，房子是几室几厅改的，简陋普通，不过味道却是令人痴迷，看来这也是大隐于市的小馆子。

春渐行远，夏正浓绿。一个淡然的午后向黄昏靠拢，三五友人相聚，一把老吉他，一个沧桑的老男人，让我们情怀重临共渲染。

我谓生活，仅仅是逗号、句号缝隙中的文艺腔调与时间。

我谓品质，真正的创意从来都是形于外、修于内的自然从容。

举大事而言轻，描重彩于无色。一间文艺腔调的餐馆如此，一个品牌也同样如此。

烟火锅气，寻常巷陌，独辟蹊径，远远超过那些故步自封的同类。

美食与文艺、与文化的氛围和腔调，是相通的。

排面上的那些事

美食于城市而言，是烟火，是灵魂。有人吃的是味道，有人吃的是场面。

味道与场面的结合，是所有美食拿捏的关键之处。这一点，就需要独有的气质来支撑和诠释。

昔日的沈阳城阙，讲究的是三春、六楼、七十二饭店。

三春几乎是沈阳城老少耳熟能详的大饭店，六楼的普及率则稍差一些。不过，在当年，"明湖春、洞庭春、鹿鸣春"这种买卖字号，餐饮大店，自然是上得排面的。

而后数十年，也就是1978年以后，沈阳城的餐饮雄风重振，焕然一新。

除了鹿鸣春再次翻红，又成了城市的餐饮名店，并且有了一定的江湖地位和排面外，其他一些大店、小馆子、私房菜馆等，也都进入普通人的眼界之内。

兰花酒店、大连渔港、潮州城、粤海明珠、新洪记、百富源等诸多餐饮酒店，与城市的经济和人民的生活水平日益提升，相得益彰，相辅相成。

而到了当下，重视环境设计和菜品创新的餐馆酒店越来越多，一些素日里光鲜亮丽的高端酒店餐馆，也逐步被大众消费者所接纳。

君悦、康莱德、希尔顿、芊丽、JW万豪、喜来登、万丽等国际连锁星级酒店，自然是排面的第一方队。除此之外，一些具有特色经营理念、设计装修雅致韵味、有独到的烹饪技艺、味道鲜美、食材上乘的酒店餐馆，也被大众视为有排面的享用美味的绝好去处。

君悦·君汇28餐厅，身为星级酒店高端餐饮，俯瞰金廊沿线，坐拥万象云端，主打海鲜和粤菜、东北创意菜等，融汇潮流餐饮，传承古法烹饪，食材选料精细，为城中商务宴请，年节阖家团聚之绝佳处。

君悦·新奉天中餐厅与君汇28同属星级酒店中的高端餐厅，出品的菜肴主要有地域东北老式锅包肉，采用古法烹饪，老式地道做法，酸甜可口，香脆在外，香嫩在内。石锅土豆焖鲍鱼，香气入口，滋味入食材，汤汁浓郁，配上东北的大米饭，那颜色和味道，令人回味无穷。脆烧绿茄子更是将家常菜的烧制与星级酒店的格调，上升了一个层级。

与君悦酒店隔道相望，对面的嘉里城中，高端餐饮同样令人瞩目。

鸿宴风立，香溢满堂。名字取首尾二字的鸿堂位于嘉里城，环境高雅，有大家风范。

主打的菜肴有鸿堂饼（红糖饼，薄薄的饼皮中夹着红糖豆沙馅）、功夫鱼丸汤、秘制老式锅包肉、芝士黄金虾球、醋烹大黄花（招牌，颜色金黄，外酥内嫩，多汁）、油焖雷竹笋、老奉天熏拌百叶。

隐厨·中国菜馆位于万象城中。
菜品有小米油渣土豆丝、生炒鲜黄牛肉、时尚肉汤泡饭、剁椒洞庭湖大鱼头、湘西腊味炒烟笋、富贵神仙鸡等。

汤城莱里位于和平区南市场，这之前作为私人会所时我去过，据说这座老建筑已经有百年历史了，和这座建筑相关的历史名人已经烟云远去。在这里，能够品尝到作为招牌菜品的海皇一品煲，汤汁浓厚，其中的鲍鱼、鱼胶、鸡爪软嫩，口感营养俱佳；玻璃乳鸽，外皮酥脆，肉嫩多汁；黑松露手打鱼付，鱼汤鲜美浓厚，鱼丸绵密细嫩爽滑；脆皮红米肠粉，红色米肠中间裹着一层脆脆的酥皮，里面是满满的整颗虾仁；红烧安格斯牛肋是红烧口味，肉质细嫩；虾子茭白，爽脆可口；三杯银鳕鱼，鳕鱼外面裹了一层面糊炸过，外焦里嫩。另还有开胃甜品玻璃核桃、沙爹脆皮鸡等诸多菜品可供食客选择。

鹿桃·粤小馆的地址在著名的美食林立的文安路上，粤小馆自然以粤菜为主。菜品：粤式牛仔粒，肉质细嫩，黑胡椒味浓郁，一口下去爆汁；脆竹笋拌兰花蚌，藤椒加麻油，青笋爽脆，兰花蚌鲜脆；香煎芦竹笋楠肉卷，竹笋外裹了一层肉卷煎制而成；白灼生菜胆，生菜只选取最内侧的一小根菜心，更显这道菜的简约而不简单；雪花和牛挞，最上面有一层芝士搭配，和牛入口即化；玻璃皮润烧乳鸽皇，这也是一道经典粤菜，皮脆肉嫩，喜爱者颇多。

同样是在文安路上的知名餐馆——隐庐·喰飨菜品种类颇多，有金栗煎虾饼（外焦里嫩，一口下去都是虾腰）、野菜菊花包（干豆腐做皮，野菜做馅料，点缀着菌菇酱）、文火香烧牛肋肉、椰奶香芋南瓜煲、藤椒去骨猪蹄、鸡汤干贝竹笋汤、招牌手撕龙虾仔、蒜香煎银鳕鱼。

地处浑南的三十三の城，消费在沈阳属于高端餐饮一线中的餐馆。他家出品的菜肴分别有和牛套餐（和牛多种吃法：寿喜烧和牛、海盐和牛、炭烧和牛、和牛芝士卷、和牛烧肉沙拉、和牛蒸饭等）、刺身拼盘、慢煮和牛刺身、毛蟹五吃、雪蟹六吃等。

河风の幸会精致料理位于和平区太原街。菜品有寿司、三文鱼刺身、带头甜虾、串烧拼盘、牛肉寿喜锅等。

二丁目食堂的位置在铁西万象汇商场对面，菜品有豪华五层牛肉饭、寿喜锅、日式蒜香鸡块（鸡块外酥里嫩，汁水丰富，搭配土豆泥酱汁别有一番风味）、刺身、澳洲顶级铺天盖地火牛寿司以及覆盖满满沙拉酱，搭配薯片碎的和风土豆泥等。

青梅酒肆在沈阳不同地段都有店，不止一家，我所知道的是在北中街、铁西万科红梅园和长白岛。他家的菜品有：陶罐焖澳牛、蛋黄焗鸡翅（金黄脆皮满满包裹了蛋黄）、荔味宫保虾、苔藓鸡枞菌（又香又脆，蘸料清香，有海苔香味，造型摆盘很有意思）、蜜桃果酿、百香果酒酿锅包肉、陈皮话梅小排等。

福楼·深巷里1906，位于北三经街，菜品有：黑松露焗和牛、胶原蛋白桃胶松茸汤、干烧大黄花鱼、青芥虾丸子、秋葵杏鲍菇、福楼锅包肉、清蒸东星斑、葱烧大连鲍等。

ONE FULL B&C位于和平区著名的百年老街区，南市场附近。菜品有：澳洲安格斯牛柳惠灵顿牛排、黑松露香煎鹅肝、森林菌菇汤、提拉米苏、法国吉娜朵特级0号生蚝、蒜香意式茄汁烩海鲜、铁条扒岛国纯血和牛牛舌。

Ruski老俄俄罗斯餐厅所在的十一纬路，是城市核心部位。主打的菜品为牛肉串、罗宋汤、香肠拼盘（香肠爆汁，搭配番茄酱和黄芥末酱）、芝士烤饼、瓦罐牛肉（牛肉搭配胡萝卜、土豆，汤汁酸甜）、橄榄油煎口蘑、俄罗斯土豆沙拉（奶油混合土豆味道）、蒜香黄油饼、酸黄瓜。

假如，喜欢换一种口味，想体验一下异域风情和别致的口感，我建议，市府恒隆里的AMORE PAELLA 西班牙海鲜饭也是不错的选择。他家的西班牙海鲜饭，是以海鲜味道混合着米饭的香气，米粒上包裹着浓浓的酱汁和海鲜汁，西班牙蒜香油爆虾、tapas、轻煎西兰苔也是不错的选择。

相对于西班牙餐馆的粗犷和浪漫，日料的精细和唯美的古风感更为强烈。三秋舍·梦幻岛的菜品有主厨肉酱派大星比萨（薄饼底，边缘烤得酥脆，中心香软，五角星造型别致、口味独特）、朗姆酒烤榴莲、烟熏三文鱼牛油果饭、森林莓果果昔、黑松露葱油拌面等，都是他家的明星单品。

而对于喜欢咖喱和东南亚风情的食客来说，人均消费并不高的青年大街附近的南洋餐室则会用菠萝炒饭（米粒金黄颗颗分明，香甜爽口，上面覆盖着一层肉松）、咖喱面包鸡、冬阴功汤、柠檬鲈鱼、咖喱虾、干捞生菜、鱼露鸡翅这些菜肴打动食客的心和味蕾。

当然，仪式感的需求性要是和这些餐饮有差异化，相对比较小众稀缺的是印度菜餐馆。位于奉天街附近，经营印度菜的薇马克西餐是不错的推荐。鸡肉煎饼（薄饼夹着鸡肉，芝士味浓郁）、特制黄油鸡、黄油馕饼、印度帕帕尼、印度拉茶、咖喱蔬菜角、鸡肉抓饭、绿咖喱羊肉饭都带着地道的印度风情。

排面，看的是内敛和张扬，看的是一时一地的文化和城市底蕴的挥发和飘散，看的是一个人和众人的审美思维和构想，看的是冲破和平衡之间的着力点。

有排面，其实指的是，这样的店应该有的欣赏和接纳的态度与底蕴格局。对于食客来说，排面，是对质量、服务、装修设计风格等整体的一并认同，而绝非靠华而不实的富丽堂皇来做屏障。

试想，若是一家餐馆的食材和烹饪技巧、手法不硬气，再好的装修设计和奢华的点缀，也都仅仅是附属品而已，反而起到喧宾夺主的作用罢了。

字号风云

字号这一词，许多人并不陌生。

早年间的餐饮馆子挂"幌子"，后来的是招牌、牌匾，到了如今，则称之为字号。

到城市的繁华所在去看看，不乏挂着"老字号"牌匾的招牌，这其中，有"中华老字号"一类的国家相关部门授予的字样，也有因为日久年深，自己标注的"百年老店"等。

无论哪一种，只要悉心体味，舌尖品鉴，都可以得出一样的结论。

那就是，字号不单纯是字号，是招牌，是一个营销的模式和推广的手段。所有的字号里，都有着不同寻常的历史与根源的追溯；所有的字号里，字里行间都充溢着继承和创新的衔接与衍生。

由此，我们完全可以说，字号是蕴藏着精神气质的。

世间品评中华老字号，不过是延续一种形式上的东西，并不能提升餐饮的水准，也不能替代饮食的更替。但从某种意义上来说，字号就是招牌。像北京的全聚德、东来顺，广州的莲香楼，上海的王家沙，杭州的楼外楼等，这些都是字号，都是和历史相衔接的。

从沈阳本土的角度看问题，地道的，还能接地气开门纳客的字号更需要加强和提升。一般人说起字号，往往会想到本地知名的几大家，也就会提到老边饺子、鹿鸣春、李连贵熏肉大饼、马家烧麦（卖）等。其实，这几家也大都是外来者在沈阳落户生根的，通过日积月累、口碑传递才有了今时今日的荣耀加身。但是，你若想归结为沈阳地道传承的本土菜，还是有些牵强。毕竟，是地方风味而已。

以沈阳来说，现在的情况类比，就相当于当年的深圳，属于外来人群聚集地。当年的底子是满、汉、蒙等民族融合的样本。饮食中杂汇了满族、蒙古族以及鲁菜等中原地域精华。而宽容达观的饮食口味，又让川、粤等菜系，在新时期迅速成为最大的口味通吃的美食属地。不过，现在的字号，可早已经不是一个字号吃十年了。

究竟什么是字号？官方的说法是中华老字号。在沈阳，还有老字号、原字号、新字号的提法。

所有的字号，有时间的积淀，也有创新管理服务的综合衡量和考量，倘若光是以字号的诞生年限来算，那就不会有新字号的出现了。出于种种原因，没有进入评定衡量体系的餐饮店也是不少，那么，如何认定是不是字号其实并没有那么重要，在沈阳人的心目中，口碑才是第一位的。

老边饺子、马家烧麦（卖）、李连贵熏肉大饼、原味斋、勺园饭店、宝发园、鹿鸣春，这些都是有传承的老字号，那家老院子、富雅、枕水江南、老四季、韩都、韩盛、盛江山、鲜一烤肉这些也都是字号，当然字号也不仅仅局限于这类餐饮店。有很多藏在巷陌里的小店和很多星级酒店里大隐于市的餐厅，也都是字号的所在。

字号是用心、用技艺、用匠心营造出来的。字号出来时是一个证明，能够保持住、绵延传承下去，更是字号需要长期坚持的必要行为。

字号，是先人传承下来的，有国有和私营。白肉血肠是东北特色，地道专业，去香港旅行时都有美食爱好者打听询问，可惜，少年时代吃过，现在想要寻觅，无果。饺子遍地都是，各家出彩的地方都有。现在的吃茬儿，年龄段放宽，上到九十九，下到刚会走。有钱、任性，想吃啥都有。

字号每天都在产生，也每天都在消亡。老字号找不到魂魄和精气神儿的，不是一家。相比很多地域和国际化大都市，沈阳本土对自身字号品牌的推广宣传意识，还差得很远。此现象无他，只能说是企业经营者的问题。可是，水能载舟，自然也能覆舟。想一劳永逸，不现实。

我对沈阳的字号是不分新旧之说的，也不仅仅光看授予的部门和规格，更多的时候，我要看这字号里的含金量和拥有的品质层级。

老字号需要延续和创新，没有一成不变的"躺平"可以无视市场和口味的变迁。而那种一窝蜂式的模仿，更是缺乏新意和久远的看法。

哪种饮食爆火，诸多品牌经营者就会模仿和追逐的场景，已然越来越不为大众所喜爱。另辟蹊径、与时俱进，才是内容的呈现形式。

中国的创新能力很强大，可惜能知道的并不多。饮食一直让人迷恋，可是做好不易，不是几道菜的事。字号创新，字号问新，字号的重视和发扬光大算是万物花开、重新鉴别新事物的开始。能推陈出新，才是字号的成就感和终极意义。

国际范儿

　　饮食和文化相通，城市的包容程度和对饮食元素的接纳程度决定了这座城市的开放性以及国际范儿的彰显力度。

　　中国是世界著名的美食国度，古老的烹饪技法和五花八门、多姿多彩的菜式食材，都是世界烹饪界的翘楚。

　　沈阳是中国北方最重要的门户城市。国际化发展的深入，将诸多国际性餐饮和口味引入城市，五湖四海的国际友人，即便是在千里之外的异域他乡，也能体验到故乡味道的真谛。而随着沈阳国际化城市的属性愈加浓厚，海归和青年人口的增加，对异域他乡的饮食兴趣的增加，都令沈阳的国际范儿有了显著的提升。其种类之多、味蕾之广、形式之多元，已经达到了令世人瞩目和惊艳的地步。

　　韩国菜、印度菜、菲律宾菜、德国菜、法式大餐、日式料理、美式简餐、俄罗斯酸黄瓜大串等，都在悄然无声中嵌入城市的不同街区，在默默关注下野蛮生长，寻找味蕾的主人。

　　香格里拉大酒店　地址：青年大街115号
　　在五星级酒店的餐厅用餐，吃的是什么？

沈阳香格里拉酒店中餐行政主厨罗铭如是说："要满足多种场景的需求，同时也要将高端的食材以更多元的形式呈现出来。"

沈阳香格里拉酒店夏宫中餐厅，主要以辽、川、粤三种菜系为主。辽菜，或者更广泛地延伸到东北菜，自然更符合老沈阳人的胃口，也能让来沈阳的差旅游客感受到东北菜的特色。如店内主打的一品酸菜口，曾经获得德国前总理默克尔的好评与赞赏，以跑山猪棒骨吊汤作为汤底，选用东北特色酸菜、黑猪肉，再搭配上蛎蝗、血肠等，味道鲜而醇厚。

做本地菜系其实最为不易，食客们多是对菜品及食材品鉴多年，对有些味道的熟悉程度已经深入骨髓。那么，像五星级酒店，则会让食客们对它的出品有更多的期待。而香格里拉的理念则是：原汁原味，回归食材的本味，通过食材与食材之间的组合搭配将食材的鲜美激发出来。

罗主厨是四川资阳人，从业二十余年，对川、粤菜系可谓得心应手。

川菜，在年轻群体中接受度颇高，热辣似乎总会让无论是商务宴请还是家庭聚会的氛围提升一个等级。针对不同群体的需求，也区别于外面的家常小馆儿，于是，香格里拉便将高端食材演绎出了多种呈现形式。如加入龙虾的升级版麻婆豆腐、肉松烧海参茄子，以及像帝王蟹等各种高端海鲜食材的水煮系列菜品。

粤菜则更为清淡，适合群体年龄跨度更大。夏宫中餐厅还推出了午餐的广式茶点自助，也很受好评。

仅仅把握住了每一个菜系口味的正宗与品质的保证，对于一个五星级酒店来说，恐怕还不够。罗主厨和他的团队，一直在做的一件事，那便是融合与创新，让食材迸发出新的生机，让食客有更为多层次、多元化的菜品体验感。

犇犇牛三味便是他们研发的融合三种菜系做法的一道新式融合菜。分别选用三种牛肉：牛眼肉，用煎焗后文火收汁裹上香脆的花生酥脆椒，外表香酥；牛腿肉，小火慢炖至软糯入味，再用脆浆炸成酥皮后改刀，外皮酥脆而内里鲜香软烂；牛肋肉，用文火焖至软烂后改刀成片，扒上黑椒汁，让牛肋肉的香气尽情呈现。而罗主厨也给这道菜起了一个响亮的名字：犇犇牛三味。一道菜里七个"牛"字，三种牛肉三种做法，既有多重的味蕾体验，又有一个好寓意。

再如，蟹粉八宝葫芦羹，选用瑶柱、海参、鱼肚、海胆等高端海鲜食材以及手工拆出的蟹粉、蟹肉、蟹壳、蟹腿，香煎后慢火熬制出蟹汤作为底汤，如此众多海鲜食材组合呈现出一道羹来，味道鲜美且营养丰富。高端的食材，恰当的烹调，自然也要有摆盘上桌的仪式感。葫芦形的容器，葫芦寓意富贵、福禄，而八宝代表食材的用料，也有着福禄顺意的美好寓意。

三秋舍·梦幻岛 地址：小西路74-1号
菜品：主厨肉酱派大星比萨（薄饼底，边缘烤得酥脆，中心香软，五角星造型别致、口味独特）、朗姆酒烤榴莲、烟熏三文鱼牛油果饭、森林莓果果昔、黑松露葱油拌面、鲜虾木瓜沙拉配粉红酱、惠灵顿牛肉酥、墨西哥鸡肉饼、牛肝菌熟成牛肉春卷、墨鱼汁辣酱配炸鱿鱼须

ONE FULL B&C 地址：北二经街81号

菜品：澳洲安格斯牛柳、惠灵顿牛排、黑松露香煎鹅肝、森林菌菇汤、提拉米苏、法国吉娜朵特级0号生蚝、蒜香意式茄汁烩海鲜、铁条扒岛国纯血和牛牛舌

Ruski 老俄俄罗斯餐厅 地址：十一纬路111号

菜品：牛肉串、罗宋汤、香肠拼盘（香肠爆汁，搭配番茄酱和黄芥末酱）、芝士烤饼、瓦罐牛肉（牛肉搭配胡萝卜、土豆，汤汁酸甜）、橄榄油煎口蘑、俄罗斯土豆沙拉（奶油混合土豆味道）、蒜香黄油饼、酸黄瓜

Leo pizza 地址：朗云街8-88号11门

菜品：烤牛臀肉比萨、多汁勺子炸鸡、沙拉嘿哟（蔬菜搭配无花果、牛油果）、肉酱意面

爱意牛排 地址：铁西万象汇5层 等

菜品：金枪鱼玉米粒配烤面包、榴莲比萨、西冷牛排、橄榄油煎口蘑、菲力牛排、焗薯角

可乐大叔私人厨房 地址：齐贤南街3号5门 等

菜品：经典芝士牛肉堡、手工粗薯、菠萝培根堡

AMORE PAELLA 西班牙海鲜饭 地址：市府恒隆广场负1层

菜品：西班牙海鲜饭（海鲜味道混合着米饭的香气，米粒上包裹着浓浓的酱汁和海鲜汁）、西班牙蒜香油爆虾、

Tapas、轻煎西兰苔

东南亚菜：
米娅泰式小厨 地址：黄河北大街74甲2号
菜品：咖喱虾、猪脚饭、炸酥梅（梅肉腌渍入味）、冬阴功汤、咖喱牛肉、咖喱海鲜饭、菠萝炒饭、香兰叶包鸡、泰式河粉

南洋餐室 地址：南杏林街5-1号 等
菜品：菠萝炒饭（米粒金黄颗颗分明，香甜爽口，上面覆盖着一层肉松）、咖喱面包鸡、冬阴功汤、柠檬鲈鱼、咖喱虾、干捞生菜、鱼露鸡翅

薇马克西餐 地址：清真路70号
菜品：鸡肉煎饼（薄饼夹着鸡肉，芝士味浓郁）、特制黄油鸡、黄油馕饼、印度帕帕尼、印度拉茶、咖喱蔬菜角、鸡肉抓饭、绿咖喱羊肉饭

爱在河内 地址：中街皇城恒隆广场4层
菜品：手卷鲜虾卷（外皮晶莹有嚼劲，内包一只大虾和蔬菜）、河内炸鸡、火车头思念河粉、青木瓜沙律、咖喱牛肉、香茅猪排（鲜嫩多汁，搭配甜辣酱）、牙车快鸡丝沙律、百香果焗蜗牛

中东菜：
中东欧麦尔阿拉伯美食 地址：南二经街9号

菜品：鸡肉卷、牛肉派、阿拉伯红茶、奶酪沙瓦玛羊肉（香浓奶酪，烤薄饼内卷着大块鲜嫩羊肉）、米米奶（口感软糯，奶味浓郁）、中东乱炖（汤以番茄为主）、牛肝三明治、鹰嘴豆沙拉

熏酱是一座城市的开胃钥匙

熏酱是沈阳的特质，外地人了解沈阳的熏酱，大多是从熏酱鸡架开始的。不过，熏酱鸡架是熏酱的升级进化版，最传统的熏酱是有着浓重的地域文化色彩、城市乡土特质的。

这类熏酱最早以猪肉、牛肉、羊肉为主要食材。筛选食材的过程中，主要是猪身上的诸多部位——肘子、耳朵、心、肝、猪蹄、尾巴、口条等，几乎每一个部位都有熏酱的可能。单纯的猪五花熏酱是大肉，猪心边上的肉叫护心肉，排骨肉也是一般人的喜爱的熏酱食品。

有时候，沿着城市的街区随意走上一走，筛选一下，就会发现，老派、新派的熏酱店和带有熏酱菜品的餐馆，星罗棋布，比比皆是。

从大舞台肘子和张久礼烧鸡，到笨笨香、张拴记、那记、刘记、王家、杨家、极美等，熏酱店向来都为大众所喜爱。

熏酱店独树一帜。脑子里飞快地回想一下，就随手记下来这些。

辽河街极美熟食店，这一家是我经常去的小店，地理位置不算优越，但周围居民很多，味道的吸引力很令人无法抗

182

羊肉串

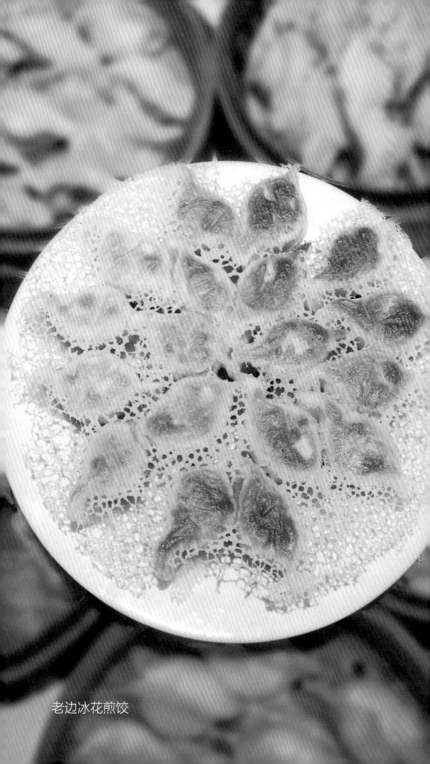
老边冰花煎饺

拒。像我这样的老食客估计是不少，我以往在店里碰到过，都是慕名而来，一吃就停不住嘴，还会再来，成为回头客。他家的店，要是按照行政区来划分，辽河街地处皇姑区，周围的五一商店和儿童医院是比较知名的地标了。这家店里出品的猪、牛、羊、鸡熏酱的产品都有，我比较钟情的是他家的小肘子、肉皮、牛蹄筋、猪耳朵、鸡骨棒、鸡爪子等，都是上好的味道，熏酱的入味程度，味道的正，包括肉皮和肘子的软烂程度，还有冷却后，重新再加热以后的质感，都是值得称道的。

老杨家熟食在中山路上，这是沈阳市一条有欧陆风情的特色街区，附近有不少民国老建筑，老杨家熟食店的所在位置，看上去也很有老建筑的气质，只是，虽去过多次，仍没有留意查询过建筑物的历史。老杨家熟食是沈阳有名的排队王，亲历过，逢年过节和一些重大的日子，老杨家门前的长队俨然是人间烟火和热气腾腾的生活而精剪出的一幕。

老沈光熟食是黎明广场附近的老店了，据说经营了很多年。我多年以前就特地到这里买过熟食，近年发现由于信息传播形式的升级，有更多的人开车到此购买。并且，跟老杨家熟食一样，一买就是好几样，从猪肘子到鸡爪子，样样都落不下。

自然，各家所卖熟食的种类大同小异，味道则是各有不同，正是应对了那句话，各家有各家的秘方，概不外传。在沈阳，想吃多种口味，不妨多走上几家熟食店，那样既得了舌尖上的美味，也有了不一样的人文探寻，对城市的热爱和了解也会逐渐加深，何乐而不为呢！

当然，除了这几家店，更多的店有更多的分布，食客们大可根据自己的方位选择购买。

简单统计了一下，我所知道的其他熟食店的名称和位置：

和平区：双福记熟食
        杨家酱熟食

铁西区：杜家熏味熟食
        重工熟食
        双花熟食店
        友记熟食
        独一家猪头肉·风干鸡
        施记猪头肉熟食
        笨笨香熟食店
        高楼香鸡

皇姑区：驴小六熟食铺子

熏酱熟食是沈阳的一把开胃钥匙。这是我对这座城市美食近乎偏执的一句总结，带有熏酱猪牛羊和鸡鸭的餐馆，更是东北餐馆的一大特色。这一点，是区别于不少同等城市的美食差异化的重点符号。

没有全面统计过，我仅仅靠自己以往吃过、见过的餐馆里的印象，粗略记述一下，知道的饭店就已然有这些了。要是更详尽地统计一下，沈阳的餐馆里，无论哪一种派系几乎都会有熏酱菜品的销售和烹制，这就是地域元素对饮食的重要影响。

那家老院子东北菜 地址：艳华街16号 等

辽铭宴 地址：景星北街3号 等

春祥辽菜楼 地址：白龙江街60-3号辽宁中医药大学南侧

郑仙居熏酱菜馆 地址：陵北街45号

绿江春（北陵大街店） 地址：北陵大街28号

红樱桃（北行店） 地址：长江街40号

老迟家熏鸡架饭店 地址：三好街永安路6-1号

张认真卤肥肠 地址：泉园一路17号90号楼1-1-1

洪记饺子馆 地址：惠工街138号

八大碗 地址：小什字街64号 等

小平岛开海水饺 地址：昆山中路34号 等

新洪记·丽久饭店 地址：兴工北街128号 等

为什么会有这么多的熏酱熟食？我想，是出于城市历史的过往烟云中形成的味道印记，是由于食物最初的属性和地域自然的分布而养成的民俗习惯。

沈阳，为清前期都城，满族饮食习惯中对肉类的需求极大。据满文老档记载，天命六年（1621年）冬，临近年关，有多位汉官向宫中进贡贺礼，其中有：

二十七日，张游击献牛二头、羊二只、鸡四十只、雉三十只、兔十只、煺毛猪四口及各样面食。

抚顺额驸献猪二口、雉五十只、葡萄一盘。西乌里额驸献猪二口、雉五十只、葡萄一盘。李庆赛献猪二口、牛二头、山羊二只、雉四十只、菜二盘。关泰登献猪二口、稻米二斗。奉集堡备御献猪二口、雉五十只。张参将献牛二头、猪二口、羊二只、雉四十只、兔十二只、鸡十只、面食二盘。张游击献猪二口及羊二只。齐游击献牛二头、羊二只、猪二口及鹅十只。爱塔副将献梨五百个。佟游击献羊二只、猪二只、狍四只、雉一百只、兔十只。刘都司献牛一头、羊二只、猪二口、生狍一只。又刘参将献牛二头、羊二只、鹅十只、猪二口等。

二十八日，魏游击献牛二头、羊二只、鹅四只、鸡十只、已杀之鹅四只、已杀之鸭四只及雉十只、猪二口。王游击献羊二只、牛一头及猪二口、鹅四只。单参将献牛二头、猪二口和羊二只、鹅十只。戴游击献牛二头、猪二口和鹅四只。戴备御献猪一口。巴游击献牛二头和羊二只、猪二口。马奇古献牛一头、猪一口、鸡十只。张备御、王备御合献牛一头、猪二只及雉十只、鹅二只。马游击献牛二头、羊二只及猪二口、雉二十五只。邱游击献牛二头、羊二只、猪二口、雉二十五只。刘游击献牛二头及羊二只、猪二口、雉二十只。镇江李游击献牛二头、羊二只、猪二口、生鹅四只、鸡八只。又佟游击、苏游击、宣游击、郎游击、于游击五人合献牛六头、羊八只、猪五口、鹅六只。张游击献牛二头、羊二只、猪二口、兔十只。李游击献牛二头、羊二只、猪二口、鹅六只、鸡六只。郭游击献牛二头、羊二只、猪二口、鹅二只。盖州佟游击之子献猪二口、牛二头、山羊二只、鹅四只、狍一只、兔十只、梨二盘及葡萄二盘。

所有这些食材的烹制，据了解，都是以粗犷、大快朵颐的形式进食的，这也造就了以熏酱熟食为主要肉食类加工烹制的手艺和秘法。

由古及今，城市乡村的饮食都是带着历史的发展痕迹的。我们因为熏酱熟食这一把沈阳的开胃钥匙，打开了城市味蕾隐秘的历史过往。

穿越过去，回到现实。

我们更知悉洞察出，熏酱熟食是一座城市的美食元素特质化的体现。在沈阳，从熏酱熟食的味蕾中，或许，我们能够追溯到历史的渊源和饮食文化的迭代与融合。或许，我们会由此更加热爱这样一座有着人文底蕴和工业气质的大城市的前世今生与无限向上的未来。

西关百味

从少年时代，我对西关就有很深刻的印象。

彼时，家住的地方和西关有一定的距离。倘若坐车，需要一个多小时，我们周围的人说到去哪里，还是习惯用老年间的计算方式。

一个时辰，去西关，有点儿远。

一个时辰，换算为当下的时间，就是两个小时的光景。

我的父亲身体瘦弱，但是很喜欢骑自行车，那个时候，他经常骑着自行车去西关，为的是购买西关有特色的各类吃食。

年代过于久远，恐怕有几十年了，我隐约能够记起来的是正月十五的元宵和中秋节的月饼。元宵是白糖馅的，有青丝玫瑰，月饼是独有的枣泥馅料，吃起来回味悠长。在食物匮乏的年代，这是用来解馋的零食中顶好的吃食。

后来，我读中学了，学校距离西关不太远，我更习惯在中午的时候，到西关解决午饭问题。那个时候的西关，餐馆林立，我更偏向于市府大路以北的胡同里的小店儿。

去得最多的是寺北王家馅饼店。店里的大姨个子不算高，慈眉善目的，家里其他人也都在店里帮忙，我是从他家在市府大路路北的胡同里开始吃，几十年过去了，吃到他家搬进西关美食一条街，从街北又转到街南。清汤炖肉，吃得清清爽爽，馅饼不大，却带着烟火锅气的香，一到冬天，吃馅饼和炖肉是一个人在外吃饭最有滋味的一种选择。

西关的美食不仅仅是这一家从百年前就有传承。那时候，附近的奉天第一商场兴游园，回民小吃不是一家两家有名气。在当时，小吃部都是锅灶、面案、食品把门。

于家馅饼、清炖牛肉、林家包子、冯家五花糕、白家抻面、杨家大饼、刘切糕、王片粉、铁家的煎饼盒子……这里面，还有牛肉卤的豆腐脑和麻酱烧饼，深受民众喜欢。这也是我喜欢带外地朋友来西关品尝美食的原因。

有底蕴，有传承，有渊源。

以往，跟一些朋友聊起沈阳的美食和风物，我的观点向来是，这是一座有深度的城市，味道包容万千，胸襟海纳百川。

这里的传说和人文历史，绝不逊色其他城市。

等我踏上美食探寻的深度之旅，我对西关的美食热爱深度，尤为浓厚。

脱家饺子、王家饺子、天意园、林家包子、回味包子、松鹤园、金家馅饼、开口馅饼、西关炖菜馆，一家一家不分先后，都是味道地道、值得一吃的店。它们毗邻经营，形成了独特的美食街区，并且有着浓郁的民俗风情特色。

还有一些五花糕、酱牛腱子、铁家烧鸡、张家清真食品，走在这一带，有市场，有摆摊床卖吃货的，牛羊肉烤串和清真的烧鸡、牛腱子、牛肚儿和套肠、金钱肚儿，几十年，日积月累，老辈的传承始终不变。无论选择哪一家，都会令人有意外的惊喜。

我喜欢这样的寻常街巷里的美食。从小时候，吃着父亲买的西关特色美食，到成人后，独自在这个街区里体验民情习俗和舌尖上的滋味，幸福感始终在内心深处回响和荡漾。这应该就是一个人对美食的根源和城市进阶后的深度热爱。

我吃过的西关回民餐馆有：

寺北王家馅饼：我与这家店的渊源颇深，从店在市府大路以北，我还是懵懂少年时就开始吃，彼时还是一个没有收入的中学生。那时候，店在胡同里，掌管店铺的是位慈眉善目的老太太，老人家很会做生意。清炖牛肉，在当年，是沈阳城有名的清炖牛肉店，馅饼很好吃，香气扑鼻，那时候，我不够钱点菜，只是每次都点几张馅饼，偶尔点上一碗羊汤。

后来店搬到西关美食街内，又从路北迁到路南，炖肉的味道还是老样子，只是价格有了变化。

开口馅饼：馅饼开口，属于有创新的食品，当年刚开的时候，食客口口相传。这么多年，要是想吃专门的馅饼，我一定还是会去这家。

金家馅饼：店在回民美食街里，只营业半天，卖到中午而已。馅饼、羊杂汤、爆肚儿、溜肉段、扒肉条……

我少年时代就喜欢吃，这几年工作繁忙，吃的机会比较少，据说现在仍然只开到中午。一想到这个店的名字，就有去吃的冲动。我小时候听懂行的老吃客说，这家馅饼的面和馅料都有自己独到的秘方，好像说过是烫面馅饼。我不是面案，也不大懂这些，只是觉得他家的馅饼真香。

双盛园金家锅烙：锅烙、烧卖、熘胸口。

锅烙与煎饺形近，细长，一锅一锅烙出来，油汪汪、香气四溢。我至今都无法说得清，锅烙和煎饺更大的差异和区别，只是隐约觉得，这锅烙是馅饼、回头、煎饺的集大成者。皮有饺子的薄皮特点，面在油锅里煎炸，则有了馅饼和回头的面相和馅料的鲜美。

天意园：大馅牛羊肉烧卖，个头大、馅料足、肉质新鲜，水爆肚儿、扒胸口、扒口白，都是值得一尝的好吃食。每一次去，店里的老板和服务员都会很热情地打招呼，点多了菜还会劝住，真的有老买卖家的风范。

吃烧卖，大馅，牛羊肉，都建议你现吃现点。

扒肉条，鲜美的汁，浇在牛肉上，软烂浓稠、香气扑鼻。

林家包子铺：百年老字号，味道鲜美，吃过很多次。从老的文献中看到过林家包子的字号，偶尔吃饭的时候，跟店里的食客和老人交流，觉得应该是几辈子人守着的店了，待人和善，有老买卖人的规矩。

牛肉包子、炖牛肉，还有一些清真菜，都值得回味。

回记包子：火爆羊杂、包子个大、油足，开了多年的老字号了。

松鹤园：牛肉烧卖、牙签肉、回头、溜三样。

要是我没有记错的话，从西面奉天街的西关美食街的巨大招牌下走进去，松鹤园的牌匾还是相当醒目的。

私 房 菜

汉字的魅力在于字面与音韵的美，这二者是可以结合的，相辅相成、相得益彰。这在中国的厨道中尤为突出。

南甜北咸，是指味道。

私房菜，顾名思义，得益于一个私字。

在中国人眼里，吃——有文化的象征。

豪门大宅，有花胶、鱼翅、熊掌、燕窝做精细慢工的功夫；贩夫走卒，有酱肘子、炖黄鱼的鲜美舒畅。就像中国山水画里面的工笔与写意。

据说张大千做熊掌，耗时三月；谭家菜的鱼翅需提前一周预定；闽地的名菜佛跳墙，也是精工慢火磨出来的。略一想，方知个中滋味，都是时间的产物。

庄子的"治大国若烹小鲜"，把国事与饮食相关联；庖丁解牛近乎神话传说；郦生的"民以食为天"亦是在侧面将文化饮食在生活中的作用，阐述到关乎哲学意义上的范畴。咬得菜根香，则近乎禅悟！

"食不厌精，脍不厌细"是儒家的经典，道尽饮食内涵。华夏古国，悠悠五千载，美食佳肴宫廷民间，厨艺也已到了出神入化的境界。世代承袭，历久不衰。

纸上的香气，润泽的是我们的眼帘心神。

八大菜系，源远流长！

京华一地，有烤鸭、砂锅居的白切肉、北海的仿膳、东来顺的羊肉，至今为之心仪；闽菜中有佛跳墙；淮扬菜中有红烧蟹粉狮子头、芙蓉鸡片、松鼠鳜鱼、酿菜；皖地有砂锅鸡、香椿芽；苏沪杭有大闸蟹、脆膳、肉骨头、油面筋、陆篙荐的酱卤；西北有莜面、烤鹿肉；陕西有葫芦鸡、全羊席、羊肉泡馍；鲁菜有干烧明虾；粤菜中有野味、海鲜，乃至小吃粥品；贵州有花江狗肉；川菜中有麻辣鲜香；云南有鸡枞全席；台岛有清炖鳗鱼。凡此种种，不胜枚举。

而私房菜，究其原委，实是这五千年文化传承积淀过程中的升华和精粹。

谭家菜、段家菜、袁家菜、厉家菜……知名的不知名的，靠历史名人说事的，拿旧时伶界大王铺排的，所在多有。

不过，套用一下港片的老话：货不对板的，盛名之下名不副实的，颇多！

清末至今，嗜好美食者众，真的会吃、会做的少，更多的是理念而已。

杨世骧的家厨陶三到了谭家，为谭家菜形成造就最早的雏形。

会成文，能讲出个大概所以然者，仅仅是梁实秋、唐鲁孙、汪曾祺寥寥数人矣！

好的私房菜，之所以这样说，是因为很多店打着私房菜的旗号，只是八大菜系不入流者的托词而已。私房菜应是得世袭厨艺之精髓，集万千品味之大成；把握国人口味，兼容

194

鲁、粤、川、京、沪、杭、淮扬诸多菜系之特色。细细品味粗犷如北地性情勃发豪放，细腻若江南明月、婉约清丽。

沈阳私房菜，不一般。

有诸多宫廷余脉，有民国公馆菜的老底子，有世家显赫，也有市井烟火。

公开承袭旧时味道余脉的并不多。近些年来，虽有一些具有公馆菜民国风的菜肴馆子出现，但用旧时建筑和文化氛围者多，真的传承下来的有文字和师承者，并不多见。走融合菜、创意菜，出新的餐饮品牌，或许，更多的是为了营造氛围，才会有私房的说法和概念。而那种会员制、不公开对外营业待客的饭店，或许会慢慢淡出，毕竟，社会风气使然。

不过，还是有一些餐馆，因为味道脱俗，值得品尝的菜品颇具私房菜的气质，推荐一下，让喜欢美食的人也可以偶尔体验一下私房菜的感觉。

特色私房菜：

倾酒小酒馆 地址：十一纬路38巷5号2门

一间院落，两盏清酒，几位小菜，佳人话谈。饭点一定要提前预订的融合菜小酒馆，处于一个小巷子里的独立院落，里面别有洞天。

菜品：紫苏牛肉卷（紫苏包裹牛肉，油炸而不腻，搭配小青橘，提升菜品鲜度）、轻煎芦笋（芦笋清淡，下面是土豆泥，相得益彰）、西式牛肝菌拌饭、慢炖味增牛舌（牛舌入口即化，里面的萝卜和青笋入味）、黑松露南瓜酱薄饼（内馅是南瓜，饼上淋的芝麻酱）、杞果咖喱鸡、山葵牛肋肉

（牛肋肉搭配口蘑，佐之少许山葵酱）

幸薈饭堂 地址：望湖北路4甲1号
菜品：金枪鱼焗法式面包（绵密厚实的金枪鱼搭配香脆面包）、甜不腻照烧牛肋（肉嫩，配色摆盘惊艳）、荤香薄底比萨、西班牙橄榄油煎海虾（去皮大虾）、菠萝香草烤鸡、菠萝鹅肝

青梅酒肆 地址：长白仙岛北路6号半岛公馆 等
菜品：陶罐焖澳牛、蛋黄焗鸡翅（金黄脆皮满满包裹了蛋黄）、荔味宫保虾、苔藓鸡枞菌（又香又脆，蘸料清香有海苔香味，造型摆盘有意思）、蜜桃果酿、百香果酒酿锅包肉、陈皮话梅小排

福楼·深巷里1906 地址：北三经街51号
菜品：黑松露焗和牛、胶原蛋白桃胶松茸汤、干烧大黄花鱼、青芥虾丸子、秋葵杏鲍菇、福楼锅包肉、清蒸东星斑、葱烧大连鲍

闲时，一忆。

东坡肘子，因宋代文学大家苏轼而得名。精选猪前肘，佐以酱油、糖、酒，焖到欲融之佳处，味道醇厚、嫩如豆腐，肥而不腻、瘦而不柴；松江鲈鱼占尽唐诗风情，白嫩鱼肉状若象牙，食之令人长忆"江上往来人，但爱鲈鱼美；君见一叶舟，出没风波里"的唐人名句。至于虾仁口蘑，有口外坝上的滋味。令食者，胸襟常荡起浮云下的苍苍草原，遍

地牛羊的塞外风光。

　　刘禹锡言：山不在高，水不在深。皆为肺腑之言。私家菜品，官样文章，都是在内涵，不在形式的雕琢。

　　穷天工而后得美玉美器。食之味道，也是这样啊！

　　口福，落在纸上是文字，盛在盘中是珍馐。

　　是为，私房菜说。

西塔流韵

区域性美食的设定，是城市饮食文化中不可忽略的一个段落与章节。这在全球范围内，都有着极为重要的特点。

法国的枫丹白露、泰国的苏梅岛，还有中国的香港元朗和澳门老城区等。一处一处，都是令人回味、念念不忘的美食打卡地。

倘若在沈阳选择这样的街区，向旅行者和外地朋友介绍，我更喜欢推荐的地段是西塔和西关。

西关是回民餐饮聚集区。西塔的餐饮则更能凸显朝鲜族文化的元素和风格。

据互联网记述的资料显示，沈阳的西塔是东北三省除朝鲜族自治州、县以外的最大民族聚集区域，融合了朝鲜族的民族文化精华。西塔商业街有着一百二十多年的悠久历史，孕育了独特的民族风情。西塔街主轴两侧，形成了具有浓郁朝鲜族特色和韩国风情的休闲文化产业带。西塔夜经济涵盖了商业贸易、住宿餐饮、居民服务、文化艺术、体育健身、休闲娱乐等众多业态，汇聚了众多的美食商业餐饮店铺和摊床。

每到华灯初上，西塔店铺林立，霓虹闪烁、歌舞升平，真是繁华如梦的感觉。来到这里，你甚至可以不用审慎选择吃什么，哪怕是拆盲盒一般，也不用担心有踩雷的风险。可以是风格多样的烤肉，可以是在舌尖燃烧的韩餐小吃，可以是滋补温润的参鸡汤，也可以是朝鲜族特色火锅。

朝鲜族炭火烤肉的风采在这里展现得淋漓尽致。一条街上，数十家烤肉店旌旗招展、各显神通，从招牌到菜品都尽可能做到品质与特色，得以在激烈的竞争中获取一丝生存空间。韩式烤肉与东北烤肉的主要区别在于蘸料，东北传统烤肉，蘸料以麻酱、葱花、香菜、糖、白醋等融合为一体，而韩式烤肉则以蘸汁为主，每一家都有自己秘制的蘸汁，而在某种程度上来说，蘸汁成了这场美食角斗中的关键因素，甚至有的店针对不同品类的烤肉也会有不同的蘸汁提供。

在西塔还有一种神奇的现象，那就是你可能在这条街道上反复看到同一个店铺的招牌，初到此处也许会有一种迷路了的错觉，其实只是分店而已。店铺的集中呈现也给了食客更多的选择，总会有一家让你流连忘返。每一家烤肉店的食材品类也在不断拓展，力争打出自己的差异化，从传统的牛肉、猪梅肉等拓展到膈、和牛西冷、雪花肉以及各种特色腌制的牛排、牛肋条，再拓展到鳗鱼、甜品、凉菜等。只有有一道脱颖而出让食客记住的菜，才有可能在西塔占有一席之地。就像味家的滋补活鳗鱼和蒜香排骨肉，西塔老太太家的重磅膈和特色肥瘦，百济泥炉烤肉家的扇贝饭和老式肥牛，倍熹首尔烤肉大排档的涮烤两吃牛肋条和巨人鱿鱼，云龙家的秘制肥牛和香翁牛排，三丁目家的老板肉等。也有的店因为一道小菜而备受欢迎，从而发展为主打这一特色的专门店，就像草家发展出了酱蟹专门店，以月梅酱辣蟹为主打，几乎桌桌必点，辅之以烤肉，很多食客慕名前来一尝酱蟹美味的同时，也可同享烤肉的美味。

也有的店在烤具上独辟蹊径，像韩阳王石板烤肉，当极具特色的大片厚切五花肉在石板上烤得吱吱冒油，无论是视觉还是嗅觉，感官上都是一种享受，再搭配上泡菜、蒜片等，入口便得到了味蕾的满足。

除了与火正面交锋的烧烤之外，各式韩餐搭配上米酒，也让整个夜晚充满了火辣与微醺。辣炒鸡爪、辣芝士年糕、辣炒五花肉、牛肉辣汤等一上桌，便刺激着味蕾，让食客卸下伪装，恣意地完成这美妙的一餐。当然，店中也会有几道招牌菜，是让食客仅为了一试真伪慕名而来。新草原亭的火山芝士面包，在传统韩国炒鸡的基础上加以改良，在其咸辣的口感上融入了浓厚的芝士奶香，面包中浸满芝士和汤汁，芝士爱好者的满足感不言而喻。松兰味的招牌菜松兰牛肉则在充满辣味的韩餐中杀出一条血路，微甜鲜嫩，与另一道招牌菜辣炒海灵菇成为该店两道下饭神器。海灵菇，虽然叫"菇"，但并非菌类，而是章鱼足部的吸盘，甜辣脆鲜。新浦洞的韩国盆拌饭，也让食客拍手叫绝。

菜品与火的交融，从直接热辣转而到达含蓄包容。小火慢炖，耐心与细心缺一不可。美食的精华尽融入汤中，所呈现出的状态或许简单，但内涵必然丰富，令人回味。厨师与食客的斗智斗勇，厨师将锋芒尽藏，待食客如拆盲盒一般，美味入口才发现惊喜，这也不失为品味美食的一种乐趣。参鸡汤便是如此，内敛而不露锋芒，在童子鸡的腹中隐藏糯米、板栗、水参等食材，再配以最简单的调料小火炖煮，几个小时的等待之后，从品味汤汁开始，到破开鸡肚，光芒毕露，惊喜接二连三。这或许就是一道菜支撑起一家店的原因之一。滋补和滋养，或许是参鸡汤成为食客选择的另一个重要原因。这一点，从西塔街上各家参鸡汤专门店的名字便可窥探一二——万寿、长寿、长顺……

以食进补，是中国自古以来的传统，可追溯到辅佐商汤建立商朝，也被后世称为"中华厨祖"的伊尹。伊尹这个人很传奇，李白在《行路难》中写道"忽复乘舟梦日边"，这便是引用了"伊尹梦日"的典故。据传说，伊尹出身于一个奴隶厨师家庭，他自幼爱好烹饪，聪颖好学，后来凭借自己的才华做了贵族子弟的师仆，但也同时做家厨。他在被商汤聘任为宰相之前，曾经做了一个梦，梦见自己乘坐小舟经过日月旁边，这便是"伊尹梦日"的传说。伊尹的其他成就咱们暂且不提，他所创的以陶罐煮汤的方式一直延续到今天，人们仍然以陶罐烹饪美食及熬煮中药。《伤寒杂病论》中写道"所食之味，有与疾相宜，有与疾相害，若得宜则益体，害则成疾"，明代医学家李时珍更是直接提出"先用药以祛病，再用食物补养"，这更是为以食进补提供了直接的事实依据。在我国的各式美食菜品中，也时常可见以药入食、以食入药的情况，参鸡汤便是其中的典型代表。

以水来参与对食物的解构，是上古先民在掌握了用火直接炙烤食材的烹饪方式后的又一大进步，水能阻隔食材与火的直接接触，保存住食材中的营养，也让食材得以有了新的味觉呈现。水来演绎食物的精彩，其形式也在不断地发展和进步。

水与食物的演绎形式，无论是蒸、煮，还是炖，都有着悠久的历史流传。这里面还有一个传说，其主人公也是"中华厨祖"伊尹。传说伊尹那时就曾经用"蒸"这种方法做出"熟而不烂、甘而不浓、淡而不薄、肥而不腻"的美味佳品。

当然，蒸、煮、炖各种方法并不若其字面一般简单，每一种又分出多种多样的演变形式。单说"蒸"这一种方式，就分成清蒸、粉蒸、旱蒸等各种蒸法，每一种蒸法的技巧各不相同，所烹饪出的食物自然也是百菜百味。蒸、煮、炖根据材料的不同，自然也会有不同的口感和味道。拿蒸来说，蒸水蛋滑嫩可口，粉蒸肉则糯软嫩香。煮和炖也是如此，尤其是炖，讲究汤浓味美，不同食材的味道要尽入汤中。

"煮"是人类最早开始采用的烹调方法之一，从现代科学和营养学角度来讲，煮非常有利于保留食物的营养。然而，食材不同，煮的技巧也有所差异。煮的食物避免了烧烤类的油腻与时间过长产生的致癌物，是一种健康的饮食方式。

参鸡汤，是将食材的精华融入汤汁之中，而另一种烹饪方式，则与其恰恰相反。那就是要将汤汁中的味道，尽量包容进食物之中。说到这儿，或许大家心中已然有了答案。比如东北传统的炖菜，或是川味浓浓的牛油火锅等，都是以此方式演绎食物的美味。而到了西塔，传统的朝鲜族美食之中，那便是脊骨锅、部队火锅、牛肉八爪鱼锅，抑或是各种全新创意组合的锅品形式。

脊骨入汤，汤中满含朝鲜族特殊的红色与辣味，大块的脊骨已经软烂入味，其中的配菜有土豆、茼蒿菜、苏子叶、南瓜、金针菇、干白菜等与汤汁融会贯通。这便是朝鲜族脊骨土豆锅的美味体验。西塔的枣玛露、金一家、胡成、真利味、子莲等店，都是不错的选择。

部队火锅，近年来可能由于韩剧等因素的影响，越来越受年轻人的喜爱，除了到店里品尝以外，有时也可外卖一份，甚至可以亲手准备食材、特制辣酱、芝士等调料，周末在家中来上满满一锅。在西塔，能吃到部队火锅的店很多，从像汤汤部队火锅这样的专门店，到步乐满、新草原亭、新浦洞、喜来苑这样的综合韩餐馆，都可以满足对部队火锅的需求。当然，专门店的种类或许有更多种的选择。如汤汤部队火锅，除了青菜、金针菇、年糕、拉面、芝士等食材的传统组合外，还有八爪鱼锅、章鱼脚部队火锅、章鱼牛肉汤、韩式肥牛锅等新形式的延伸。

西塔美食推荐

味家烤肉烤鳗鱼牛排 地址：珲春南路16号/图们路24-1号6门—8门

推荐菜品：滋补活鳗鱼、蒜香排骨肉、冷面、秘制梅花肉、肋条、味家坛子肉

百济泥炉烤肉 地址：安图北街19号

推荐菜品：活烤鳗鱼、老式肥牛、传统酸甜冷面、芝士玉米、拌花菜、梅花肉、炸年糕

草家真味酱蟹专门店 地址：珲春南路15号韩百商场附近

推荐菜品：月梅酱辣蟹（招牌，生食爱好者必点。可以直接吃蟹膏，也可以用蟹黄拌饭，还可以将拌饭用海苔包起

来吃，也可以用蟹酱拌饭）、草家酱油蟹黑松露口蘑、草家特色肋条、秘制牛小排、韩式芝士辣鸡爪

西塔老太太泥炉烤肉 地址：安图街3号12门

推荐菜品：老太太特色肥瘦、土豆泥、老太太特色瘦牛、特味五花肉、重磅膈、拌花菜

枣玛露脊骨汤 地址：安图北街12号甲

推荐菜品：脊骨土豆火锅（脊骨汤，骨头酥烂入味，土豆绵软香甜）、烤肉类、铁板牛小肠、米露、韩式炒杂菜（各种蔬菜与粉条的结合）

金一家脊骨汤店 地址：珲春南路16号7门

推荐菜品：土豆脊骨汤、海鲜葱饼、辣炒鸡胗、辣炒牛肠、土豆饼、干辣椒炒牛肉

胡成脊骨汤 地址：安图北街6号

推荐菜品：脊骨锅、煎豆腐、海鲜葱饼、韩式辣鸡爪、辣白菜饼

真利味脊骨汤 地址：安图北街2号9门

推荐菜品：脊骨土豆锅、土豆丝饼、石板辣豆腐、网红炸鸡、炒杂菜

子莲脊骨汤 地址：安图北街15号

推荐菜品：脊骨土豆锅、炸猪排、海鲜饼、鸡蛋卷、炒

牛肚、辣白菜炒五花肉、锅底炒饭

万寿参鸡汤 地址：珲春南路11号

推荐菜品：参鸡汤（肉质细嫩鲜美，入口即化）、海鲜饼、煎豆腐、铁板煎牛肉、辣白菜炒五花肉、干辣椒炒牛肉、牛尾汤、土豆饼

猪蹄名家 地址：琢如巷3号112

推荐菜品：宝膳（不油腻，用生苏子叶包起来吃）、酱汤、荞麦拌面、泡菜饼

传闻来紫菜包饭·打糕 地址：西塔街48号A106

推荐菜品：金枪鱼紫菜包饭、牛排紫菜包饭、牛肉饭团、小鱼饼、红豆打糕

煌岛刀切面 地址：安图北街6号

推荐菜品：蚬子面（地道朝鲜族味道，蚬子入汤，鲜美清淡）、炸猪排、酱肉

新草原亭 地址：西塔街68号

推荐菜品：王猪排（超级大猪排，酥脆香甜，肉质嫩）、八爪鱼海鲜锅、活八爪鱼（蘸上酱汁，口感Q弹）、首尔牛肉火锅、铁板炒章鱼五花肉

松兰味 地址：安图街3号20门

推荐菜品：松兰牛肉（招牌必点。甜鲜口，肥牛肉片鲜

嫩，搭配洋葱、粉丝，汤汁可拌饭）、拌猪皮、辣炒鸡脆骨（鸡脆骨香酥脆弹，入口劲辣，回味微甜）、香辣牛肉条

汤汤部队火锅 地址：珲春南路15-2号
推荐菜品：部队火锅、八爪鱼火锅、章鱼脚火锅、章鱼拌饭、春川鸡排、八爪鱼石锅拌饭

步乐满 地址：西塔街78号
推荐菜品：酱汁炸鸡、炒码面、炸猪排蛋包饭、炸酱面、炸猪排

家常寻常味

　　家常的味道，是故乡和亲情的最好呈现。唯有家常的味道，才能让人在回望和怀念的过程中，找到一个城市的遥远样貌和尘封的过往。家常，不那么繁华铺张，不那么精致遥远，它就在我们的身边，或许它就在我们的家里，与我们息息相关。日常的烟火最温暖，平淡的日子最值得怀念。

　　沈阳，曾经是清朝前期的皇城，饮食结构自然会受到满族民族饮食习惯的影响。

　　猪肉，是满族最传统的肉食。满族先人"好养豕，食其肉，衣其皮，冬以豕膏涂身，厚数分，以御风寒"，富人之家养猪较多，可达数百头，为其食用提供了极大便利。

　　满族食用猪肉，一种是平时生活中宰杀及食用，另一种是将猪肉先用于祭祀，再分而食之。

　　满族平时食用猪肉有多种方式，烧、烤、蒸、煮、炒均有，流传至今的白肉血肠、烤乳猪等，均是满族的特色风味传承下来的。

　　由此，家常菜里，以猪肉为原始食材的锅包肉、溜肉段、扣肘子、酱猪蹄、熘肝尖、熘腰花、爆炒猪心、扒猪脸、扒口白等传统家常菜名目繁多。

不过，这仅仅是地域特色的一种表现形式，并不能代表家常菜就一定得是用猪肉。

地三鲜、炒土豆丝、炸茄盒、炖干豆角，都是以蔬菜为主的。这几样家常菜确实是我们的日常，天天吃。

地三鲜集合了三种颜色，黄的土豆、绿的青椒、紫的茄子，三种食材浑然一体，彼此生香。

炒土豆丝则是日常中的日常，每家都经常做。我最熟悉那切土豆丝的旋律，也可以从中判断出他的刀功如何。炒好土豆丝其实并不简单，需要多年的摸索与实践，才能掌握好火候、软硬、酸度。

炸茄盒再普通不过了，选紫色长茄，夹上肉馅，放进油里炸到焦黄，吃起来外焦里嫩、鲜香适中、营养丰富。

排骨炖豆角也是沈阳人饭桌上的主打菜。豆角有鲜、干之分，鲜豆角一般都用在应季，而干豆角一般都用在冬天。排骨与豆角好像天生就该炖在一起，那股肉香与豆角的菜香浑然天成，互相借味，排骨酥香浓烂，豆角清香油润，特别下饭。

而各种豆腐更是东北人的最爱。因为东北大豆有着上好的品质，无论是干豆腐还是大豆腐、豆腐干、腐竹、豆腐卷、水豆腐、小豆腐，怎么吃都自有风味。沈阳人喜欢卷干豆腐蘸酱，里面可以卷大葱、豆芽、土豆丝、香菜，也可以卷鱼香肉丝，这是沈阳的一道家常名菜。大豆腐有鸡刨豆腐、石锅豆腐、麻婆豆腐、海胆豆腐、大白菜炖豆腐、小葱拌豆腐等，每一种都能吃出不同的风味。

还有一道菜绝对称得上是上得宴会酒席，下得百姓餐桌，无论是山珍海味还是家常便饭，都不会缺少它的身影，这道菜就是五彩大拉皮。首先这道菜的色颜鲜艳至极，有红的红萝卜、绿的黄瓜丝、黄的干豆腐丝和鸡蛋切丝、黑的木耳、白的大拉皮，配到一起，极有视觉冲击力，看着就赏心悦目。上菜的大盘子大到夸张，往往拌上醋、盐、糖、辣椒油、生抽、鸡精。沈阳人最喜欢的还是芝麻酱，加上蒜末和香菜末，拌匀食之，酸辣爽口、营养丰富。

皮冻，是沈阳人的家常菜，几乎家家都会熬皮冻。选用猪皮为原料，加水煮开去掉表皮的毛发和污垢，切成细皮，放清水里加葱、姜、料酒大火烧沸，再用小火煮一个半小时，之后拣出葱姜倒入容器，放入冰箱里冷却，即形成凝固的皮冻。沈阳人喜欢用盐、蒜、香醋、香油调成汁浇上，喜辣者可再放辣椒油。皮冻晶莹剔透，颤颤巍巍，具有弹性，入口即化，回味无穷。皮冻的营养价值极高，含有满满的胶原蛋白，能减慢机体的细胞老化，使皮肤丰润饱满，富有弹性，闪现光泽，还有滋阴补虚、清热利咽的功效。

还有一道主食"疙瘩汤"不能不提。小时候是不会随便吃到的，一般都是发烧感冒、食欲变差或招待客人时才做。疙瘩汤分肉、素、海鲜三种。热锅下油，下葱花炒香，然后加入番茄丁炒出水分，再把面粉加进点水，搅成小丁状的小疙瘩，拨入开水中，再加进鸡蛋液、蔬菜、白胡椒粉、香油、香菜末，此为素疙瘩汤。如果以排骨汤、鸡汤为原汤，便为肉疙瘩汤。如果加入虾仁、蛎蝗等为海鲜疙瘩汤。

那么，什么是家常菜的标志呢？

如果一定要归纳总结一下，有家常味道的餐馆饭店，我采用的是两种方式，一种是距离食客住家和工作距离近，一种是菜品的味道更有普通北方菜的灵魂味道，价格亲民、味道舒适。自然，如果用城市全域的地标位置衡量，那就必须选择显著的地标。

出于家庭、精于厨艺，有接近的味道，却不能完全照搬、照抄。

"都一样，就在家里做了。"这是一位喜欢吃家常菜的老友从海外归来后的第一时间，在家常菜馆子里一边品尝着味道一边发出的慨叹。

故乡和异乡，天涯和此间，其实，更是一种贯通心灵深处的交会。

这一类店，虽然与街边味和宝藏小神店儿相似，有的甚至颇多重叠，不过，细化的时候，还是有不少不一样的地方。家常菜这一类，和宝藏小神店儿还有街边味儿有细微的区别，一般沈阳本地家庭大多长久喜欢吃，几辈子人吃下来，有妈妈的味道，就像家家都会炒鸡蛋、蒸鸡蛋糕，这一类就会被都市元素的标签安在这座城市家常菜的类别上。家常菜可以是宝藏小神店儿，就像夕阳红的菜品，也会出现在家常菜的类别。不过，宝藏小神店儿不一定都是家常菜。譬如，起于路边摊、口味惊艳、价格亲民的关小串，其店里的烧烤小串，很少有家庭常年自制。

与此同时，家常菜，一定要价格亲民、味道亲民，长久以来永续经营，带着地域口味，家常菜的味道就是妈妈的味道、幸福的味道。

家厨小馆 地址：八经街17号

一定要提前预订的家常味道小馆。

菜品：特色红烧肉（肉酥烂，肥瘦合适，入味下饭）、牛肉炖山药、炒笨鸡蛋

老八件 地址：崇山东路68号3门省政协会馆对面
菜品：宫保鸡丁、炝莲白、红烧丸子等

海川酒肆 地址：建设东路53号5门
菜品：油辣子牛心管、干锅牛蛙、极品毛血旺、酸菜鲈鱼、烤串

群乐园骨头馆 地址：五里河街辽宁电视台西门旁
菜品：招牌酱大骨棒、酱脊骨、农家一锅出、炝莲白

云泉熏肉大饼家常菜 地址：燕山路13号
菜品：宫保鸡丁、四味茄子、酸辣汤、风味土豆片、红烧狮子头、蛋炒饼

乡间好味私房菜 地址：伊宁路桂林街30号
菜品：风味红烧月牙骨、锅包肉、爆炒西生菜、辣炒牛板筋、乡间特色鱼下巴

鹤鸣人家 地址：肇东街与安达路路口西 等

菜品：红烧鸡块饭、肉碎茄子饭、牛肉土豆盖浇饭、香菇小肉饭

成都风味 地址：应昌街41号513-2

菜品：干锅肥肠、干锅鱼、水煮鱼、水煮肉片、炸蘑菇、回锅肉、辣子鸡

春艳砂锅居 地址：南八东路铁西新玛特商场旁

菜品：砂锅牛筋面（玉米面）、炸香肠、鸡排

麦香铁锅焖面 地址：北四东路御览茗居7号门 等

菜品：招牌排骨焖面、经典红焖肉焖面、鲜牛肉焖面

余丞记川渝面馆 地址：云峰北街43号19门 等

菜品：风味炸鸡架、菌香臊子面、椒麻牛肉汤面、口水鸡、豌杂面

煌岛刀切面 地址：安图北街6号

菜品：蚬子面（地道朝鲜族味道，蚬子入汤，鲜美清淡）、炸猪排、酱肉

群乐饭店 地址：乐工一街12号铁西百货后身

菜品：肉末茄子、辣炒鸡架、锅包肉、红烧日本豆腐

四菜一绝 地址：砂山南路4号

菜品：锅包肉、脆皮里脊、干烧鲤鱼、杀猪菜

新民血肠小饭馆 地址：新民辽河大街135号

菜品：传统血肠、荞面血肠、干锅肥肠、酱缸咸菜、糯米血肠、小葱炒鹅蛋

辽中冬梅酱菜骨头馆 地址：辽中区南二路与新兴街交叉口

菜品：酱骨头、酱大骨、酱排骨

老厨坊传统菜馆 地址：法库县幸福街24-1号楼1门网点

菜品：茄盒、锅包肉、糖饼、熘肥肠、酸菜血肠、熏酱拼盘

炖 之 味

沈阳，东北门户。

有满族传统饮食文化的影响，北地多寒，沈阳人多以山珍野味和耐寒作物为主要吃食。

毕竟，自然环境的限制，对饮食的习惯和食物的选择，都是重要的影响因素。

在当年，食物的至关重要性，决定人的生存与生活，味道显然不是最主要的。或许说，这饮食的习惯，更多的是来自人类地域谋求持续生活的基础。为此，满族饮食文化和汉民族饮食文化的相互交融，也受到了蒙古族饮食文化的影响，与朝鲜族也有一定的联系。到现在，查阅满文老档等史书文献，都可以找到翔实的证据。

譬如，后金建国至清朝初期，曾有大量蒙古族人归附，以至后来组建了蒙古八旗，使许多蒙古人加入了满族共同体当中。

伴随着蒙古部族、个人前往后金（清），蒙古族传统的饮食也被带入满族社会。如蒙古族的奶类食品、饮品等，都成为满族日常的饮食内容。

天命七年（1622年）正月，蒙古科尔沁部明安老人诸子之使臣，"携马十匹及五羊之肉、奶酒一壶前来"。此类记载

东关"四绝菜"之煎丸子

东关"四绝菜"之熘肝尖

在当时不胜枚举。

受这些历史因素影响，炖菜，在沈阳一直源远流长并发扬光大。

炖肉是沈阳城市美食中的一道独特的风景线。在诸多同量级的大城市中，沈阳人对炖肉的认知理解程度，似乎是更为认真和特别。

早期的炖肉馆子，以牛肉为主。后期的炖肉，则在食材上有了层级的晋升。

为什么会有这么多的炖肉馆子出现在这座城市之中呢？

无他，更为直接的理由是，在这座城市的最初基因里，有着炖肉的血统和先天的大众需要。

沈阳城市地处北温带，早年的肉类供给，大多是依靠猎捕大型野兽、采集山货，只有这样才能维持自身的生存。沈阳产狍、鹿、黄羊、虎、野猪、熊等各类野兽，大雁、天鹅、野鸭、山鸡等飞禽，以及海中、河中的各种鱼类、水产，山林中的各类山果、山珍等食物，都为早期生活在这里的居民饮食提供了丰富的食物资源。

受到当地民族传统饮食习俗的影响，满族食物形成之初，饮食习惯较为粗犷，缺少细腻、精致的加工程序，多采用烧、烤、炖、煮等形式，部族、家族成员往往集体进食。为此，形成了炖之味的先期习俗，也影响了本土先民的味蕾和口味嗜好。

于是，沈阳的炖肉馆子此起彼伏，有的开了几十年，从上一代人到现在，一直绵延着炖之味道。

万盛馆，沈阳叫这个名字的不止一家。我就吃过其中的两家。

挂总店牌子的在铁西区重工街的一处胡同里，去过的人都说相当难找。据附近的人说，这里原先叫双喜社，是农村的双喜公社。

巢记炖肉、孔记炖肉、祥和炖肉、《沈阳日报》老劳动局附近的高压锅焖牛肉、肇工街的小玉炖肉、宏伟炖肉、惠工的巧炖牛肉、西关的寺北王家馅饼店中的清汤炖牛肉、蒋家河炖牛肉也都为当下沈阳人品尝炖肉的美味提供了更多选择。

沈阳的"炖"之味，除了炖肉还有闻名于世的"乱炖"。所谓乱炖就是把多种食材放在一个锅里炖，这里有着一种粗犷豪放的民风，也与沈阳地处的环境相关。所以，炖，是历史的必然。东北人的先祖以游牧渔猎为主，身处苦寒之地，常遇野兽或敌人，也没有固定的居所可以从容处之。一口大锅，一堆食材随意一放，生火煮之，连汤带水，饭菜在锅里咕嘟咕嘟，一个部落或一家人围着红红的火，吃得热气腾腾，方便实用，其乐融融。所以，乱炖的精髓就在于一个"乱"字，它是那么的豪横，不讲道理；那么的无序，不讲因果。而一个"炖"字便是一种融合，无论是肉还是菜，也无论是苦还是甜，只要经过这么一炖，彼此之间发生了化学反应，都互相渗透，取长补短，各种滋味混合在一起，各种营养叠加在一起，炖得不亦乐乎。所以，乱炖给人的印象就是粗枝大叶、马马虎虎，与南方的精雕细琢、风花雪月形成了鲜明的对比。但是这个"乱炖"却正是东北人的生活智慧和生存哲学的完美体现。他们能把看似风马牛不相及的事物连接起来，融在一起，有着抱团取暖的意味，更是相互给予包容的象征。

在沈阳，没有什么是不能炖的，炖是沈阳人心目中的味觉，是心灵的归宿。一顿炖，就是彼此的交流与沟通，从陌生到熟悉，从排斥到相融，你认识的与不认识的事物，突然之间就有了勾连。它打破了食材之间的壁垒，看似无序，其实正是融进了所有食物的精华，没有一种能够偏废。食物在锅里炖着，要的是火候，是时间。开始大火猛炖，之后又变成小火慢炖，把握的是一段起伏有致的旋律。炖，是急不得的，味道需要慢慢释放，人也需要慢慢交心。人在锅边聊着，小酒细细品着。吃一口菜，嗯，入味；喝一口酒，嗨，爽了。情感也开始咕嘟咕嘟地升温，最后细胞打开了，味蕾打开了，心也打开了。不管有过什么隔阂、什么过节、什么不解，只要通过这一场"炖"，就都解开了、理顺了、通畅了。所以，沈阳人爱乱炖爱到骨子里，炖的是菜，也是情感，也可以说，这是他们的生存方式之一。

沈阳炖菜，搭配科学，具有美学价值，也代表着一种时尚。记得20世纪80年代初时朋友来家里做客，我做五花肉炖茄子，朋友告诉我还应该加西红柿、加梨、加青椒，让我十分惊讶。等到炖好了一尝，果然有西红柿的酸、梨子的清甜、青椒的微辣，味道自是惊艳。朋友说你要敢想、敢加、敢炖，这就是炖的精髓。

最家常的炖菜有大白菜炖豆腐、茄子炖土豆、牛肉炖西红柿、羊肉炖白萝卜、蛎蝗炖萝卜丝、鱼炖豆腐、虾仁炖南瓜、红烧肉炖豆角、猪蹄炖黄豆等，这些都是最常见的菜，成为沈阳人日常的当家菜。

当然，最有名的莫过于"四大炖"，这四种炖菜成为沈阳人饭桌上的扛把子。分别是猪肉炖粉条、小鸡炖蘑菇、鲇鱼炖茄子、酸菜炖白肉。光听这些名字就能勾起馋虫，勾起那遥远的乡愁。所以一地之饮食，不仅是果腹之物，更是故乡的味道，带着隔世般的乡愁。

风靡全国的二人转《小拜年》里有这样的唱词：姑爷子到咱家呀，咱给他做点儿啥？猪肉炖粉条子再宰了那大芦花呀，小鸡炖呀炖蘑菇……

为什么这四样菜能够在众多的乱炖中脱颖而出，进而成为享誉长城内外、大江南北的招牌菜呢？它们之所以能成为炖中经典，那也是经过了时光的淘洗，在不断的烟火流转中形成了独特的风味，有了大雪弥漫中那一缕温情。

有一句俗语称：猪肉炖粉条可劲造！听似粗野，却很形象。它说的一是菜品，炖得入味，肉与粉不分彼此，值得甩开膀子大吃一顿。二是说的食客，一个"造"字便有了吃的气势。在沈阳，这个字并非带有贬义，就像大连的"逮"，都是形容吃的状态，其中有大快朵颐、痛快淋漓之意。

沈阳人在过去的年代，也不是天天可以吃这道菜的，一般都是逢年过节或来人去客时才能吃到。肉要五花肉，粉要宽粉条，才能经得住炖。红白相间的肉和透明晶亮的粉条子，在锅里翻滚着、缠绕着，汤汁渐渐变浓，粉条吸足了肉的香味，肉炖得软烂如泥，香气扑鼻而来，要用盆端上桌，大小孩伢深深地吸着鼻子，光闻那香味就已经流哈喇子了，怎么能不可着劲地造它一顿呢？当然，现在这道菜不是专门用来待客的，而是家常，想吃就炖。

小鸡炖蘑菇是道硬菜，以前都是招待新姑爷的。其中的小鸡最好是自家放养的，不喂任何饲料，现在叫溜达鸡，就是吃草地上的蚂蚱、地角田边的粮食或无处不在的小虫子长大的。而蘑菇则是雨后新长出来的榛蘑或松树下的红蘑最好，然后用线串起来挂在屋檐之下晾干。待到炖前，将蘑菇泡发，蘑菇舒展开，又恢复了该有的样貌，榛蘑细秆小伞煞是可爱，红蘑肉厚口感好。头场雪后的鸡是最肥的时候，鸡与蘑炖在一起，当然也要放粉条，也可以放进土豆，几者互相借味，味道鲜美至极。白山黑土，小鸡炖蘑菇货真价实，菜中上品。其鸡肉鲜嫩酥烂，其蘑清香满口，肉与蘑完美统一，称得上山珍野味。

大年将近，杀猪的首道菜必是酸菜炖白肉，当然里面要加进冻豆腐、粉条和血肠，缺哪个都感到遗憾。酸菜由白菜腌制而来，晶莹透明，经过发酵营养大增。孩子们跑进跑出欢欢喜喜，将屋外的凉气与锅里炖酸菜的香气搅和在一起，那是沈阳人红红火火的年味儿。古诗云：比邻春酒喜相对，薄肉酸菜火一锅。海菌千茎龙王爪，阿家风味比人多。当然，现在吃酸菜白肉不必等到过年了，随随便便就可以炖上一锅。有些年轻人也不再自备酸菜缸腌酸菜了，网购一袋便可以炖起来。但是不知为何，酸菜的味道总是显得有些寡淡，不知是酸菜不够味儿还是感觉不够味儿。

东北有句老话："鲇鱼炖茄子，撑死老爷子。"鲇鱼是东北特产，长着长长的须子，与茄子同炖，那真是要感谢大自然给我们的馈赠。这道炖菜的鲇鱼肥而不腻，茄子清淡鲜香，汤乳白醇厚，这一荤一素搭配合理，简直是完美地诠释了营养的本质。

网上有这样的顺口溜：君问归期未有期，来盘榛蘑炖笨鸡；一树梨花压海棠，不如白肉氽血肠；在天愿做比翼鸟，在地鲇鱼茄子煲；铜雀春深锁二乔，来碗猪肉炖粉条。

四大炖名扬天下，也有八大炖的说法，其实又何止八大炖呢？近年来，沈阳流行铁锅炖、一锅出，饭菜全齐活了。铁锅炖是有科学依据的，炖菜以铁锅为佳，可以补充铁质，味道还独树一帜。

大雪弥漫时节，便有了下雪吃大鹅的习惯。外面雪花飘飘，屋内香气阵阵，杯里有酒，锅里有肉，那嗑儿越唠越多，那心越吃越近。对于沈阳人来说，给我一口铁锅，我就能炖整个世界。

而炖大鹅就是一道最有乡土气息的菜，最贴心贴肝的菜。冰天雪地，咕嘟嘟的声音，便是对极寒天气下人心的抚慰。也许没有一只鹅能活过冬天，这话虽说得有些夸张，但足见沈阳人对这道菜的倾心。大鹅在东北乡下是硬核的存在，看家护院比狗还厉害。鹅基本都是散养，吃的也是玉米杂粮，虽说肉质有点儿粗，但它最接近野味。炖鹅的锅必须是铁锅，烧的也必须是柴草木柈，这样炖出来的大鹅味儿才正。沈阳人说炖鹅，必须要加个大字，突显那种豪放霸气。锅盖一掀，热气一团团散开，那鹅肉鲜亮活泛，汤汁浓郁鲜美，连那土豆块儿也吸满了汤汁，吃一口，长长地舒出一口气，顿觉得整个身心都温暖起来了。

铁锅炖鱼也广受好评。一般鱼里要添加豆腐、白菜、粉条、茄子等，有点儿像火锅，但却是东北的乡土锅。柴是越烧越旺，鱼是越炖越鲜，菜是越炖越入味。一家人整整齐齐地团团围坐，大人们不断地给孩子捞菜，散发出来的香气把孩子们的脸都遮住了，到处都弥漫着那种鲜香。

值得一提的还有一锅出，一般也要用铁锅。所谓的一锅出，就是连饭带菜全齐了。比如铁锅底下是芸豆排骨加玉米土豆粉条，真正是乱炖。然后待到铁锅烧热，把发好的玉米面做成饼子贴到锅边。等时间一到，菜炖得香烂入味，那玉米饼的香味会勾起小时候的回忆。一般五六十岁的人只要生活在沈阳，都会有贴大饼子的记忆，那时油水少，菜清汤寡水，只有大饼子焦黄香甜，虽粗糙，但帮多少人度过了那些艰难的岁月。那红的肉、绿的豆角、白的粉条、黄的玉米，色彩纷呈，看着就食欲大增。豆角和土豆吸足面香与肉香，排骨炖到鲜香软糯，排骨富含蛋白质和维生素，还含有骨胶原和钙，对老人孩子非常有用。

当然，也有做烀饼的，就是把面均匀地摊在菜上，等出锅时，这饼浸染了汤汁，吃起来别有风味。

东北炖菜以满族菜为主体，融合进蒙古族、朝鲜族、回族等多种菜的口味，又不断地改进，成为东北人骨子里的乡土印迹。

美食推荐

万盛馆 地址：轻工街南十一西路66号 等

巢记炖肉 地址：红粉路27-1 等

孔记炖肉 地址：长白北路33号13门 等

祥和炖肉 地址：珠江街209号109栋 等

高压锅焖牛肉 地址：北三经街七纬路沈阳日报社旁

小玉炖肉 地址：肇工南街肇工家园 等

宏伟炖肉 地址：肇工南街13号

巧炖牛肉 地址：友好街43号

寺北王家馅饼店 地址：清真路72号清真一条街

不时不食

孔子说：不时不食。这是证明了食与节气关联紧密的依据。

现在想起来，不难发现，这不时不食，是稍通文墨的人因节令想到的最多的一句话。而在我看来，不时不食，其实就是食物与时间合理搭配的结果。

烹饪是食材和时间搭配的集合，当食物出现的场景和画面中的节气匹配得相得益彰的时候，我们就知道，食材和时令的辨识度是十分吻合的。据马王堆西汉墓出土的文物资料记载，当时的饮食已经有了节令中的具体象征意义和习俗。到了唐宋时期，这些食与时的契合更为默契，甚至形成了后世的一些节气礼仪。

正月十五的元宵，八月十五的月饼；新春初韭，秋末晚菘；春三月的马兰头，四五月的刺嫩芽、柳蒿、开河鱼、河豚、香椿和桂花，姑苏的三虾面。都是食物和时节的勾兑和默契。

这一点，不仅仅是现代人，就是古人也都有文字留存，见诸史书和文献。

宋代的周密撰写的《武林旧事》中，已经对二十四节气如何赏吃品吃，做了详尽的记载。《武林旧事》第十卷中《张约斋赏心乐事》中记述了权贵之家张镃家一年中从正月孟春到立春日迎春盘，一直到十二月家宴试灯和除夕夜家宴守岁的全部过程。

这里，不妨摘录一部分，就可知其讲究的程度和精细的考究。据周密《武林旧事》第十卷《张约斋赏心乐事》所载，出身权贵之家的张镃，其家一年四季的饮食活动如下：

正月孟春：岁节家宴，立春日迎春春盘，人日煎饼会……二月仲春：……社日社饭……南湖挑菜……三月季春：生朝家宴，曲水流觞……花院尝煮酒……经寮斗新茶……四月孟夏：初八日亦庵早斋，随诣南湖放生、食糕糜……玉照堂尝青梅……五月仲夏：……听莺亭摘瓜，安闲堂解粽，重午节泛蒲家宴……夏至日鹅脔……清夏堂赏杨梅……艳香馆赏密林檎，摘星轩赏枇杷。六月季夏：……现乐堂尝花白酒……霞川食桃，清夏堂赏新荔枝。七月孟秋：丛奎阁上乞巧家宴……立秋日秋叶宴……应铉斋东赏葡萄……珍林剥枣。八月仲秋：……社日糕会……中秋摘星楼赏月家宴……九月季秋：重九家宴……珍林赏时果，景全轩赏金橘，满霜亭赏巨螯香橙，杏花庄筈新酒……十月孟冬：旦日开炉家宴，立冬日家宴……满霜亭赏蜜橘……杏花庄挑荠……十一月仲冬：……冬至节家宴，绘幅楼食馄饨……绘幅楼削雪煎茶。十二月季冬：……家宴试灯……二十四夜饷果食……除夜守岁家宴……

字句中的古意与优雅，美好甚至透过纸张发散开来。这其中的文字，是目前我所见到的相对较早的总结性归纳时令与饮食的古文字篇章。此中描摹记述，对应节气的饮食习俗，美食详尽，令人口齿生津，回味无穷。

至于缔姻、赛社、会亲、送葬、经会、献神、仕宦、恩赏等活动，更是要操办丰盛的宴会，极尽铺张之能事。特别是南宋都城临安（今浙江杭州），更是谚有"销金锅儿"的称号。

达官贵人的这种奢侈性饮食消费，还具体体现在他们对时鲜食品的追求上。宋代皇亲国戚于二月一日"中和节"后的次日有挑菜的风俗。如《武林旧事》第二卷《挑菜》所载。

一直到明清时期，京师民间出现了洞子货，一些嫩黄瓜和绿叶青菜才出现在宫廷和大户人家的餐桌，食物和节气的亲密度，逐渐淡去。

不过，一直到现在，我始终认为节气和食物还是应相互衬托的。

春与夏衔接得似乎是没有缝隙，只有到了秋天的时候，才会有一点儿落差和色彩的变换，这一点，在沈阳尤甚。

四季分明的一座城，对味道的四季体验自然更为明显。

冬天的康平卧龙湖冬捕、春天棋盘山的开河鱼、夏天新民小梁山的西瓜、秋天辽中的苹果和牛肉……

食材和地域，物产丰饶，令人心动。

从节令的迁徙到味道的转换，其实，就是一个园林里窗子上的格子和格子之间的张望与凝视，就像沈阳故宫御花园里的古建筑样式一般。

置身于节令的缝隙间，体验食物的内涵，真的有一种书卷里的安逸和平和，自然也有趣味和光影的斑驳。说得透彻些，一个喜欢旅行美食的人，对此都是有点儿意味深长的回望和怀想的。

我们甚至知道，节令和食材味道俨然如一朵一朵、一瓣一瓣的花开韵致，也知道时光的清浅，总是因为食物本身产生的味道挪移而明亮或黯淡。

为此，我还是怀想节令里的味道。

从眼前向前追溯，冬初，沈阳的气温还不算太冷，有些湿意，当地人喜欢说这是阴冷。这个季节，我去过沈阳周边的辽中，那里的河鱼和鲜牛肉会令人有些暖意。

这节气，当地的农家已经开始做过冬的香肠。在另外的季节，我去的时候问过为啥非得冬天才做香肠，当地居民说，冬天的时候气温干湿恰如其分，水分也是得体，做出来的香肠不会霉变、口感适宜。都是为了准备年货，为了易于储存才这样做的。

冬与春交界的时节，我去过的江南地域还有安徽的婺源、篁岭、呈坎和黄山。黄山是世人皆知的名山，黄山上的吃食其实更为人流恋的是周围的吃法和做法。其中大抵令人怀念的还是土菜、臭鳜鱼、石蛙和石耳。篁岭是宋代就有的山上的村落，古朴雅致，我去的那年人烟稀少，还不像今日的繁华喧嚣。雨天，对，冬日的雨水，温润中更多了的是清凉和清醒。篁岭的一种苦果子做的豆腐，则让有些寒冷的身体，生出不一样的暖意。

婺源当地的荷包鲤鱼、汽糕还有徽州野菜，也是别有一番滋味的。笋类自然也是少不掉的，无论是凉拌生吃还是红烧，加入不同的肉类、禽类和河鲜，都有一卷画陡然打开时的惊艳和赞叹。

同样在冬季，我还去过湖州的南浔，桐乡的乌镇。南浔的江南古桥边，我坐在小馆子的窗边，老板娘说起她们家这几代人传下来的小馆子，说起她的祖辈和徐迟先生的交情，不免有唏嘘之感。小莲庄的书楼远去在历史的烟尘中，可是盘子中花云锦的清爽和蔬菜独有的香气，弥漫了我多年以后的记忆。

云水居停，食之意趣和景致，若水墨相互交融，以挥毫转眼间就到了春天。

香椿、刺嫩芽、山芹菜、山菠菜、猴腿菜都下来了。这个时候，我特别钟情于山野之材。寒意尚未退去，每到春天的时令，我都会到菜市场走动，到周围的乡野集市上闲逛，倘若发现有好的野山菜，就会买上一袋子。

有的菜常见，有的菜却百寻难觅。山蕨菜、柳蒿芽，都不大好找，做起来却很家常。

做野山菜的馆子不大多了，这就形成了两个极端。一种是农村的土菜馆子，一种是装修得富丽堂皇的大酒楼。

土菜馆，农家菜是接地气，大酒楼是回归自然、返璞归真。其实，售卖的都是一个概念，只不过，这里面的价格相差悬殊。

山珍与河鲜，都是遍布街巷。时令的食材，供养着不同的美食家，新生代和老字号交替出现后的局面就是相互触动，传承和守旧，畅想和怀念，都是在这一字句一格局间吞吐。收放自如者，会赢取食客的赞叹，故步自封和偷工减料者，则有落寞伤春的出离之神色，仿佛这不同时节里，食材自身就藏着古今的块垒和不屑。

柳蒿芽、槐花饼、开河鱼和秋天羊，所有的食物，都是因为人的口福和味蕾，绽放着不同的姿态和鲜味。

饺子、馅饼、面条，各种馅料和浇头，都和食材相辅相成。

只是，无论乡野农家菜还是酒店的时令鲜，都要有机缘才能吃到、尝到。这类馆子，如今也不是等闲人能够约得上的。

四季蕴藏着不一样的节令，节令中又藏着不一样的味道。

节令中，沈阳的味蕾以厚重和浑然天成凸显。偶尔，我会想到棋盘山的野生猴腿菜，想到秀湖中的鱼，还有农家散养的溜达鸡。

夏天的花与河鲜，秋天的螃蟹在怀念的文字中低头，遥想一下，努尔哈赤那奔跑的马队和捕获的野味，对着夜晚的星月，眷恋故乡草木的清香之气。

难怪，美食的文字与时令遥相呼应。

难怪，张岱《夜航船》的闲谈中、袁子才的《随园笔记》中，美食美味，慢慢地挥发和弥散。我自然是知道，人和美食，人文的意义，驱动着不一样的光影和命运。难怪，苏东坡的文字中，美食和风景的影响力是那样的巨大。也难怪，戏剧大师对徽州一生痴绝。我相信，终有一日，我们对沈阳的美食文字，自然会有对味蕾的催化。而到了山海关外，塞上草原，牛羊肉与铜火锅、手把肉的关联，亦将愈加地紧密，杀猪菜和白肉血肠，更是冬天的年和腊月的标签，令许多异乡的人，举杯明月，舌尖怀恋，不能忘怀。

味蕾之旖旎和温婉，似乎是食材本身更为恰当的注解。

吃食即是吃时，如此方不辜负二十四节气的搭配和腔调。不时不食，节令和气候，食材和时间，吃食与吃时，都是我们对大自然最尊重的诚意表达。

其实，优质的食材，清浅曼妙地嵌入了绵软悠长的味蕾时回声四起，应对的是我们沧桑倦旅后一颗眷顾乡情的游子之心。

人对口味的嗜好，是同实时的节令变迁而转化的。

我还是怀想节令里的味道。

大年初一要吃饺子，正月十五要吃元宵，二月二要吃猪头，立春要吃春饼，五月初五要吃粽子，八月十五要吃月饼，冬至要吃羊肉，等等，这些传统都是有来由的，都突显一个民族的生活哲学。由于季节不同，饮食也随之不同。身体要与时令相适应，要根据不同的自然环境做出相应的饮食调整。月有阴晴圆缺，人体也有阴阳虚实之分，四季有轮流更替，食物也有温凉寒热。"生、长、收、藏"不仅是一个农时概念，更是一个饮食概念。比如春天是生发的季节，可以多吃些生发之气的芽类蔬菜；夏天气温升高易上火，要吃点苦瓜、芹菜来排毒解热；秋天干燥要多吃银耳、雪梨清热润燥；冬天寒冷要多吃牛羊肉和萝卜来温补。

水流云在，情致雅意，和美食景致相互交融，转眼到了秋天。

大白菜下来了，茄子、土豆尚未老去。每到冬天的时令，我都会在沈阳的街巷寻找味道，在行走中发现我喜欢的美食。相比较那些星级酒店和浮华都市中的大饭店，我更偏爱重工街、三台子、黎明广场这样的小地方，虽然，近年来人已经颇多。自然，我还会寻找偏僻的一隅，让人有内在的一种平静与安宁。无论是小吃还是菜品，更接近山野市井的风味，也更亲近我们的老味道。我在外面，可能是对饮食挑剔的缘故，总想找一处相对新点儿的老字号、小馆子。只是，这类馆子，如今也不是随随便便就能约得上的。

偶尔，我想到了画像中的沈阳市井图，甚至想到《盛京赋》，想到了大舞台昔日的火锅和中街的老好吃春饼，甚至会在一刹那，被一幅街景打动。春天的开河鱼，夏天的花与河鲜，都依次在文字中，慢慢地挥发和弥散。

味道起处，自是故乡和美好的一瞥惊鸿。

味道藏在节气中，藏在对城市乡土的热爱背后的字眼儿里，可能是每个到过沈阳的人，对城市印象另外的看法和张望。

我们在翻阅古书和行旅山河时，不难发现，食材和味道确实随季节不断变化衍生。就像彼时，春与夏衔接得似乎是没有缝隙，只有到了秋天的时候，才有一点儿落差和色彩的变换。

非遗美食

我对非遗美食最初的印象，更直观的是来自旅途。

去北京、西安、洛阳、南京、安阳等这样的古都城，最先在饮食上留意到的就是一些古色古香或富丽堂皇的餐馆、酒店内，都挂着非遗字样的牌匾。

美食的承袭与城市的历史渊源大多都有着密不可分的关联。

早已习惯于在旅途上探寻美食的源流出处和现今的发展轨迹的我，不断在非遗美食的评选中，知悉一些新的美食元素和代表小吃的名字，譬如，柳州螺蛳粉、广州沙河米粉、桂林米粉、沙县小吃、西华县逍遥胡辣汤、长沙臭豆腐、泰安豆腐、凯里酸汤鱼、宁夏吴忠手抓羊肉、南京绿柳居素食等。

过后，我对之做了详尽的了解。自然明白这些非遗美食小吃，都是有历史的厚重底蕴和民间流传的影响力的。甚至，我们可以毫不夸张地说，有时候，会因为一种美食小吃，想起一座城市。

在生活中，我们在遇到一些新闻公众事件的时候，甚至还会以这些美食小吃的名字直接指代一些城市。

譬如，"肉夹馍，加油"，指的是西安；"热干面，加油"，指的是武汉。

而"鸡架、抻面，加油"，则与我所在的城市——沈阳，息息相关。

这大抵是因为，在这座城市，鸡架和抻面有着极其广泛的影响力的缘故。

不过，大众并不完全了解非遗美食的由来和界定标准。或许，很多人以为的非遗美食，并没有出现在城市的非遗美食序列中，这一点，就要从非遗项目评选审核的角度上做一些知识类普及和说明。

非物质文化遗产是一个国家和民族的历史文化成就的重要标志，是优秀传统文化的重要组成部分。非物质文化遗产与物质文化遗产相对，合称文化遗产。

根据联合国教科文组织的《保护非物质文化遗产公约》定义，非物质文化遗产是指被各社区群体，有时为个人视为其文化遗产组成部分的各种社会实践、观念表达、表现形式、知识、技能及相关的工具、实物、手工艺品和文化场所。这种非物质文化遗产世代相传，在各社区和群体适应周围环境以及与自然和历史的互动中，被不断地再创造，为这些社区和群众提供持续的认同感，从而增强对文化多样性和人类创造力的尊重。

《保护非物质文化遗产公约》所定义的"非物质文化遗产"包括以下方面：

1. 口头传统和表现形式，包括作为非物质文化遗产媒介的语言；

2. 表演艺术；

3. 社会实践、仪式、节庆活动；

4. 有关自然界和宇宙的知识和实践；

5. 传统手工艺。

当然，这些都是书面上的阐述，在我国，有着详尽完备的《中华人民共和国非物质文化遗产法》，这是在中国界定非遗产品的权威标准。

从《中华人民共和国非物质文化遗产法》规定中，我们可以知道，非物质文化遗产是指各族人民世代相传并视为其文化遗产组成部分的各种传统文化表现形式，以及与传统文化表现形式相关的实物和场所。包括：

（一）传统口头文学以及作为其载体的语言；

（二）传统美术、书法、音乐、舞蹈、戏剧、曲艺和杂技；

（三）传统技艺、医药和历法；

（四）传统礼仪、节庆等民俗；

（五）传统体育和游艺；

（六）其他非物质文化遗产。

属于非物质文化遗产组成部分的实物和场所，凡属文物的，适用《中华人民共和国文物保护法》的有关规定。

国务院发布《关于加强文化遗产保护的通知》，并逐步建立了国家、省、市、县共四级名录体系。

沈阳的非遗美食，从最初的申报至今，经过严格的筛选，目前入选国家、省、市、县各级非遗的美食种类有12项。

一种美食，能成为非物质文化遗产，除了其口味一定别具特色，流传千百年仍能让大众所喜爱和回味，再就是能代表一个地域的特色，得到当地人的认可，让外地人能够向往，其制作工艺也一定有自己的"独门秘籍"。比如，北京的烤鸭、河南的烩面、柳州的螺蛳粉、河北的驴肉火烧、天津的煎饼馃子、上海的南翔小笼包、山西大同的刀削面、徽州的臭鳜鱼、江西湖口的酒糟鱼、陕西的凉皮、云南的鲜花饼、云南火腿、江西的莲花血鸭、内蒙古奶制品、淮安豆腐、苏州白案点心、西安羊肉泡馍、开封第一楼灌汤包、桂发祥十八街麻花、五芳斋粽子等。

各有各的滋味，各有各的传说，各有各的秘密。

云南的鲜花饼外皮金黄酥软，内馅咸甜软糯，沁着玫瑰独有的香气，在口腔之中久久停留。鲜花饼能成为代表云南的非遗美食并不让人意外，这一美食在清乾隆年间曾为宫廷御点，如今不仅深受云南本地人喜爱，往来于此的游客和外乡人初一尝试也爱上了这种点心，鲜花饼俨然已经成为云南最具有代表性的伴手礼之一。当然，鲜花饼具有鲜明的云南特色，鲜花饼入馅的可食用玫瑰花，属云南所产、最为上乘。这正是由于云南特殊的气候优势，为可食用玫瑰花的生长提供了必要条件。只有食材还不够，还需经过考究的采摘程序、避光发酵、按比例融合配料以达到最佳口感的制馅工艺、制作饼皮和包裹馅料的过程，以及最终在烤制过程中避免其烘烤变形等，才能最终产出呈现在食客面前的鲜花饼，走入全国各地千家万户。

非遗美食的传承，传的不只是一种味道，更是一种技艺、一颗匠心。

烤鸭在北京菜中占有最为醒目的位置，清代宫廷御膳房每逢中秋佳节，除桂花月饼外，还准备南炉鸭供帝王享用。清朝的乾隆对烤鸭很是喜爱。如今，对于全国食客来说，即使没有吃过，也都听说过全聚德、便宜坊、四季民福等烤鸭名店的牌号。全聚德挂炉烤鸭技艺更是已经入选国家级非物质文化遗产代表性项目名录。所谓挂炉烤鸭，即是将鸭坯挂在特制的烤炉中，以果木为燃料明火烤制，更是要经过宰烫、制坯、烤制、片鸭四道工序、三十一个环节才能端上餐桌，这样制作而成的烤鸭才会外皮香酥而不腻，内里肉质紧实鲜嫩而不柴，保证了烤鸭的色泽与味道。也正是因为如此的匠心与技艺的传承，才使得烤鸭蜚声海内外。

再如河北的驴肉火烧，则是讲究"七分火烧、三分驴肉"，其皮更是有四绝，"色如金、酥如雪、薄如纸、形如书"，没有多年的台下功夫是做不到的；四川手擀大刀金丝面也是如此，要经过"五推五压五擀"多道工序，要使得面皮薄如蝉翼，再用大刀切成可穿针引线的细丝；贵州遵义市绥阳县空心面因其空心的特点而闻名，这也是要经过和面、开条、上杆等七十二道制作工序，如此考究的制作技艺与匠心，穿过历史的风雨，而终得以传承，才有今天久煮不烂美味的空心面。

美食作为具有传统工艺传承的行业，多年以来，入选国家以及省、市非遗者受到城市的瞩目和关注。

在沈阳，同样是古都城，清朝前期，努尔哈赤定都沈阳，往上追溯，先秦时大将秦开已经在此开城，而新乐遗址中出土的太阳鸟，更是将这座城市的历史延长到数千年之久。

有这样历史的城市，就有带着丰富文化底蕴和手工技巧的非遗美食。截止到2022年，入选各级非遗美食的沈阳美食名单如下：

康平齐家羊汤制作工艺

姜家沟干豆腐制作工艺

康平卧龙湖辽冬捕文化祭礼习

锡伯族传统饮食

锡伯族六碗汤

康福老月饼制作技艺

东关"四绝菜"传统烹调技艺

沈阳稻香村传统糕点制作技艺

沈阳满汉全席

老边饺子

李连贵熏肉大饼

鹿鸣春

　　沈阳，自古是锡伯族的散居之地，早期的锡伯族人以狩猎、捕鱼为生，因地制宜，形成了独特的饮食习惯与民族美食。譬如，锡伯族的六碗汤，香、辣、甜、酸、苦、鲜，各有滋味，也自然成了当时人们宴请宾客的门面。再如，血拌猪肉，也是东北地区锡伯族的一种独特吃法，将猪肉与猪血煮熟，猪肉切块，再将猪血拌入，原本在北方餐桌上作为主角出现的猪血，此时则成了提升猪肉鲜味的画龙点睛之笔，再佐以葱花、蒜泥、盐等调料，肥肉也再无任何的油腻感，清爽可口。

　　在沈阳北部的康平县，也隐藏着传承几百年的非遗美食。康平县北与内蒙古科尔沁左翼后旗毗邻，其独具特色的羊汤，其中一种做法则与蒙古族的做法相近。将羊宰杀切块后全部下锅，大家围锅而食，一边吃肉一边喝汤。而另一种做法则是将羊肉、羊杂碎与各种佐料一同炖煮，味道鲜美，全无任何腥膻味道。当然，这与康平县的地理位置密切相关。康平县远离工业区，无污染又水草丰茂，如此地域所养的羊也自然品质非同一般。这其中，齐家羊汤制作工艺就入选了沈阳市非遗名录。康平县的姜家沟的干豆腐已有三百多年的历史，如今也被列入非遗名录。姜家沟干豆腐的最大特点是：干、薄、细、韧。单张干豆腐薄如纸、可透光，而且入口很有韧性，也易于保存。这也与康平县的地理位置有关，其特殊地理位置孕育了特有的"小金黄"品种大豆，又在山泉水的滋养以及传统石磨工艺的加持下，名声远播。

有一种食物，一旦出现，便象征着节气、节日与团聚，或许因为它的形状而延伸出各种美好的寓意，饺子这种食物在北方老百姓心中占有不可替代的地位。饺子往上可追溯到一千八百多年前，据传说是东汉医圣张仲景所创，当时是作为药用，用面皮包上羊肉、胡椒以及一些可以用来驱寒的药材，来防止病人耳生冻疮。后来到了三国时期也被称为"月牙馄饨"，宋代被称为"角子"，明代称为"扁食"，到了清代有了如今"饺子"这一称谓。沈阳如今已成功申请为饺子的起源地，所以饺子对于沈城百姓来说，更有着一种特殊的意义与家乡的情感依恋。入选沈阳市非遗美食的老边饺子，便是众多以饺子而闻名的餐馆中的代表。老边饺子是沈城人民心中的回忆，以其别具一格的煸馅制作技艺以及蒸、煮、烤、烙、煎、炸多种制法、上百种不同馅料的饺子和系列饺子宴，而声名远播。

非遗美食，穿越历史经纬，也承载了历史的厚重。除了寻常百姓家流传下的日常吃食外，自然也少不了"大菜"

"名菜"。

比如，宝发园的东关"四绝菜"，所谓"四绝菜"，指的便是熘肝尖、熘腰花、熘黄菜、煎丸子四道菜。据说，当年张学良将军曾着便装到宝发园吃饭，当时便点了这四道菜，吃过后评价："味好、色正、型美，真是四绝!"从此，"四绝菜"名声大噪，成了沈阳城里响当当的美食"字号"。当然，这四道菜之所以绝，除了食材选料精细外，刀功、火候这些大厨灶上的真功夫也是必不可少，这些手艺非一日之功，一代代人苦练心传，才将这些传统技艺传承至今。

"呦呦鹿鸣，食野之苹。我有嘉宾，鼓瑟吹笙。"名字取自《诗经·小雅》的鹿鸣春饭店自然是沈阳城里非遗美食传承的一道门面。鹿鸣春也似乎成了辽菜的代名词。辽菜，虽不在鲁、淮、粤、川、浙、闽、湘、徽八大菜系之内，却因其醇厚鲜香的特点成了别具一格的地方菜系。其历史可追溯至东汉，后又融合了宫廷菜的考究、王府菜的品位、市井菜的雅俗共赏以及京菜、鲁菜的传统技艺，也将汉族、满族、蒙古族、朝鲜族等各自民族美食中的特点融入其中，依靠东北地区特有的食材资源，开创出具有独特风味、菜品丰富的辽菜。凤尾西芹、鹿鸣香鸡、葱烧辽参、葱烧鹿筋、干炸丸子、干烧鱼、酸菜白肉血肠、御点豆沙包……

每一道菜，不仅上得厅堂台面，也深入寻常百姓心中。食物传承，口味自然是第一道关隘。就如鹿鸣春香鸡，虽外表朴实无华，却在上桌前已然经历了十几道工序，从腌渍到酱制，再到两次投料入味、两次上色增加色泽，才有了鹿鸣香鸡的嫩滑弹牙、香气萦绕口腔的滋味。只有味道也还不够，精致的外在，才能赢得食客的第一印象，也能让这道菜成为宴请宾客的选择。辽菜极其注重刀功，凤尾西芹便是这样一道考验刀功与摆盘的菜，除了清爽的口感让食客喜爱，其栩栩如生的摆盘更是让其具有生命力。上乘的食材，更需高超的烹饪技艺发挥出其顶级的入口体验，譬如辽菜代表的葱烧辽参、葱烧鹿筋，辽参位列"海八珍"之首，烹饪起来却不容易，海参不易入味，难拢芡汁，而上乘手艺的师傅出品的海参香滑，有着浓浓的葱香，吃完盘内无多余的汤汁。这一道道菜，凝聚着王甫亭、李相驰、唐佰仟、刘敬贤、王久章等一代代辽菜烹饪大师的心血，让鹿鸣春在近百年的历史长河之中，仍旧是沈城美食的代表和辽菜的门面。

美食推荐

味仙居羊汤馆 地址：康平县迎宾路与中心街交会处

老边饺子 地址：中街路208号 等

宝发园名菜馆 地址：小什字街天源巷1号

鹿鸣春饭店 地址：十一纬路40号 等

李连贵熏肉大饼 地址：朝阳街89号甲 等

乡厨与县域美食

饮食的味道和地域是有着极其密切的关联的。

受城市发展的影响，县域乡镇的饮食文化，也在逐步地变化。

有一些地域，我姑且称之为一隅之地。虽然不是县域，却有着独特的饮食习俗和风貌。

沈阳的街区县域以及乡镇中，也遍布着数不清的美食，一些擅长做乡土风味菜肴的民间厨神，就是隐藏在这些看上去不起眼的地理坐标里，无声无息，一代甚至几代人，专门从事着厨者之道，用五味调和，打理着城市乡土县域的美食味蕾。

于是，独具特色，各领一脉的美食地理，顷刻间，遍布于城市的巷陌之间，形成北方元素浓厚的美食风景线。

譬如，我喜欢的一家老店，以经营驴肉为主打招牌。他家店原先的行政区域，我记得先是在于洪，后来属地划归到铁西新区，变成了铁西新区的美食名店。这就是已经开了二十多年的翟家驴肉。

相对于此，沈阳经营驴肉有名的，还有沈北的魏家驴肉，都是沈阳人熟知的城阙一隅的美食参照店。也有某一地域，准确地划分其地理位置是县域还是乡镇都很难，只是由于历史的原因，这些地方的饮食有着独有的风貌，或许，只有在这个区域生活的人们，才会体验到这些美食元素。

所以，我也把这几处地点，也都归入此类美食之地，没有行政区域和城市乡村的从属关系，算得上是单列的美食序列。

新城子：

王家大院 地址：中央路67号

菜品有一锅出、护心肉、酱油炒饭、熘肝尖等。

小甜梅子烤肉冷面 地址：贵州路1692栋14号

特色地道的店，菜品有特味肥牛、秘制肥牛、鸡脆骨等。

三龙风味骨头馆 地址：杭州路40-1号8门

菜品有大骨头、辣椒焖子、猪蹄、烧茄子、软炸鲜蘑等。

虎石台：

老张小二 地址：兴明街15-15号

菜品有泥鳅鱼、传统溜肉段、招牌酱猪蹄、肉丝气豆丝、干煸芸豆、葱油干豆腐等。

古月杀猪菜 地址：兴明街富城时代小区15-15-13室

东北口味，实惠淳朴。

值得一尝的菜肴有杀猪菜、肘子、自制皮冻、酸菜锅、榛蘑土豆片、四喜丸子等。

新民：

百福老丁头菜馆　地址：新民第四小学斜对面　等

菜品有香叶焗鸡脖、麻辣烫、三鲜盖浇茄子、特色锡纸血肠、老式锅包肉、杀猪菜等。

新民血肠小饭馆　地址：辽河大街135号

菜品有传统血肠、荞面血肠、干锅肥肠、酱缸咸菜、糯米血肠、小葱炒鹅蛋等。

辽中：

冬梅酱菜骨头馆　地址：南二路与新兴街交会处东侧

菜品有酱骨头、酱大骨、酱排骨等。

巴适成都市井老火锅　地址：蒲河街道西环街130-15号

菜品有奶茶冰粉、特色鸳鸯锅、现炸酥肉、鸭血、精品肥牛、红糖糍粑、乳山生蚝等。

大金鼎火锅城　地址：中心街与南环路交会处北侧

菜品有铜火锅、酸菜、鲜虾滑、手切羊腿肉、自卷鲜羊肉、带皮五花肉等。

辽野生态园酒店　地址：中心街34号

菜品有酥香肘子、辽野炖公鸡、奶酪山药、海鲜刺身、鲍鱼炖茄子等。

法库：

齐师傅过桥米线　地址：东湖新城兴法东路28号

老厨坊传统菜馆　地址：幸福街24-1号楼1门网点
菜品有茄盒、锅包肉、糖饼、熘肥肠、酸菜血肠、熏酱拼盘等。

康平：

韩吉家家庭炭火烤肉　地址：迎宾路99-29
菜品有秘制牛肉、拌花菜、冷面、烤全羊等。

于老丫铁锅炖　地址：顺山新村南门西侧
菜品有铁锅炖鱼、铁锅炖鸡、大饼子、自制手工皮冻等。

味道是从异乡到故乡最近的旅途

食材的烹制与地域性的关系尤为密切。

江南的雁来蕈在北方极少见到，餐馆里也不见厨师推荐。北地的红蘑、草原的白蘑菇，南国不大入菜，似乎，这一切都与各自的本土习惯密切相关。

古人喜欢松江四鳃鲈鱼，那是因为江南的物产丰饶，四鳃鲈鱼有独有的特质。东坡身居巴蜀之地，出川后，对猪肉的研发算得上是美食家古今第一人了。

即使到了今天，这眉州东坡肘子，依旧是一道大菜名菜，令人大快朵颐。

正因为有了美食的熏陶，人生羁旅中，才会有人因为食材本身或是烹饪的手法，想起深深眷恋的故乡和味道之间的关联。

翻读游记攻略，不难发现，所有的美食字号招牌里面，名人效应的美食故事，同样有味道对故乡的眷恋和回望。

虽然，这其中，细细研读一下，大致都不过如此。不是哪位皇帝，就是哪位元帅去过那里，吃过哪些菜，说了一些挑大拇指且赞叹的话。于是，幸运的是，一经品题，菜品身价倍增。

傅山的山西头脑，慈禧的栗子面窝窝头、宫门献鱼，宗泽发明了金华火腿，刘邦爱吃凉皮子，乾隆去了独一处……这些都是名人效应，就像今时今日，我们读汪曾祺、梁实秋、齐如山等文人墨客的美食文字，都会从中发现故乡的情结和潜然泪下的细节悄悄地隐藏在食材和味道的中间，不动声色，仿佛在看着我们这些人，是不是被默默打动。

美食文字，在传统文化和文字中并不少见，李渔、袁枚、金圣叹都有记述。这里面，让人明白了乡情和食物是紧密相连的。我倒是觉得，我们对真正的传统文化，包括描述餐饮之道的文字作品，当下继承和发扬得很少。

对于离开沈阳的人来说，人在异乡，想起沈阳，必定想起的是老边饺子、老四季鸡架抻面、西塔大冷面、马家烧麦（卖）和西关的馅饼、炖肉、包子，想起每一个熟悉的街巷和地名。

传统的饮食，总是在不知不觉地改变。人对故乡的张望，通过食物，变得并不陌生和遥远。

无论是新店还是老店，你守住的不仅仅是招牌，更是这里面的技法和传承。

美食，是口味，也是文化。

不怕美食无传承，因为，可以创新。要从常识和认知开始。守住美食的元素和传承，也是守住异乡通往故乡的途径。

我记述这些餐饮酒店，为的是沈阳人因为食物在异乡怀念沈阳的老四季、重工、西塔大冷面之外，还要整理出，全国各地的不同省份的菜肴饭店在沈阳的分布，这也是他们对故乡的怀念之处。

鹿鸣春、那家老院子、南鹿饺子馆、甘露饺子馆、齐贤饺子馆、八大碗、王厚元饺子馆等，都是令人回味怀念的东北菜餐馆饭店。

百福老丁头菜馆的香脆可口、肉质细嫩厚实的招牌香叶焗鸡脖，以及老式麻辣烫、孜然煎鳕鱼、丁福记极品肝、招牌锅包肉等各式菜品，则让食客记住了这十余年间的东北菜的传承与延伸。

君悦的新奉天中餐厅和东北大院，一种走星级酒店路线，一种延续东北风情民俗样貌呈现，不同的菜有不同的传承和创新。

同为锅包肉，也因为老式做法，酸甜可口，香脆在外，香嫩在内，让人口齿生津。

而来自不同地域、客居沈阳的美食爱好者，饕餮时想到的，自然是家乡的好物和好味道。

从隐厨·中国菜馆到菜小湘，再到兰湘子，都是沈阳湘菜餐饮的代表。

辣椒炒肉，绝对是有长沙气质的最受欢迎的热门美食，必点菜肴。

兰湘子的菜品有：招牌辣椒炒肉、小米油渣土豆丝、生炒鲜黄牛肉、时尚肉汤泡饭、剁椒洞庭湖大鱼头、湘西腊味炒烟笋、富贵神仙鸡、长沙臭豆腐。虾肉肉质弹牙、味道纯正的一品鲜虾豆花，吃虾的时候，兼容在菜肴里的豆花细嫩，口齿生津。比较新奇的菜肴，霉干菜炒莲藕，在沈阳众多餐馆中极为少见。

到桌上现炒的家湘现炒小黄牛味道地道，有湘菜的韵致，不是很辣，牛肉很嫩，搭配芹菜清爽。家湘肉汤泡饭、国民大碗臭豆腐、砂锅金汤豆腐，诸多菜肴，都是这些店里的看家菜，值得品尝。

当家辣椒炒肉、二代肉汤泡饭、擂辣椒茄子皮蛋，刀功、火候和酱汁都是这些菜的灵魂。

川菜百味，复古入心。有渗透和熏陶感染之力度，有大众接纳之快捷。在沈阳的风靡程度，也是令人咋舌的。

上过必吃榜，号称黄派川菜的三俞竹苑，水煮鱼和夫妻肺片等，都深受众人的喜爱。长白岛一品鱼悦烤鱼家的青花椒烤鱼、蒜香凤爪、蒜香烤鱼、手撕口水鸡是周围食客的心头好。

椒爱水煮鱼川菜 地址：市府恒隆广场负1层 等
菜品：水煮鱼、酸菜鱼、山城小酥肉、熬制酸梅汤、茴香小油条、炝莲白、青瓜拌桃仁、会上瘾的辣子鸡、甜蜜相思豆花

川人百味 地址：中街皇城恒隆广场4层 等
菜品：口水鸡、麻辣香锅、水煮黑鱼、川味鸡丝凉面、宫保鸡丁

椒味太古里 地址：十三纬路6-7门 等
菜品：椒味水煮鱼、炝莲白、鲜椒鸡（鸡肉跟青红辣椒一起炒制）、玉林街小酥肉

东关"四绝菜"之熘黄菜

东关"四绝菜"之熘腰花

红池塘 地址：长白二街101-3号（1-1-2）

菜品：渣男麻辣烫（红油）、沸腾裸奔虾（虾去皮，穿串过油）、美人椒烧猪手、简一酸菜鱼、红汤毛肚、芝士焗红薯、清脆笋丝、自贡馋嘴蛙、麻婆豆腐烧牡蛎

糖水川菜 地址：K11购物艺术中心L5层5009a

菜品：酸菜鱼、水煮鱼、水煮牛肉、清炒豌豆尖、辣子鸡、毛血旺

若要体验地道的江南风情韵致，那就吃江浙菜。可以选择的餐饮饭店，也是十分地广泛。

长白万象汇和铁西万象汇各自有枕水山房和枕水江南。菜品有：金陵鸭血粉丝汤、上海本帮红烧肉（软糯香甜，入口即化，回味无穷）、金蒜秋葵爆口蘑（咸甜口味、口蘑爆汁）、新徽州臭鱼、亚麻籽脆皮鸡（外皮焦脆麻香，内里鸡肉软烂鲜香，蘸上秘制酱料）、开洋葱油拌面、蛋黄焗凤尾虾等。

枕水起于淮扬，品味源于山房。餐厅内的山水、房屋、瓦片用现代装饰表现手法展现。镜瓦钢的屋顶，通透的琉璃瓦围墙，山水、竹林、树林、雾化渐变的工艺玻璃，让食客感受山水庭院。

当然，还有一样江南的小食不能不提及。杭小点·点心葱油面在铁西万象汇标志地标中，个性独享。店中的菜肴不乏开洋葱油面、芝麻脆皮鸡、油泼酱汁酸酸辣辣大馄饨（虾肉新鲜弹牙）、鲜肉生煎、鸭血粉丝汤、椒盐豆腐，口感酥

脆滋味到位的荔枝虾球、蟹黄豆腐花更是惹人喜爱。

老牌连锁店蠔友汇菜品：蒜蓉炭烤生蚝（招牌）、海派生卤虾、新徽州臭鱼、上海本帮红烧肉、马家沟芹菜拌豆皮、土蚝金（生蚝小米粥，超级鲜美）、瓦罐神仙鸡。

位于美食林立的南市场周边的博多江浙饭庄店面经营面积并不算很大，可是经营了多年，顾客口碑极好，店面整洁，价位也是亲民，其中出品的菜品有：无锡酱排骨（微甜，浓油赤酱，排骨软嫩脱骨）、脆鳞鲜鲈鱼（鱼鳞的脆与鱼肉的鲜嫩相融合）、茭白肉丝、乌镇虾段（虾去皮）、花雕酒、西湖莼菜羹。酱焖春笋让江南风情跃然桌上，充溢舌尖味蕾。

富雅菜馆，店面古朴有白墙黛瓦的徽派意境，个中菜品：安徽臭鱼、杭州酱鸭、江南小炒菜花、脆鳞鲈鱼、筒骨萝卜煲、上海本帮肉、鹅肝酱油炒饭等。

倘若随意走走，不难发现，类似云峰街的江南小厨，出品浇汁小炒肉（现炒小梅肉，肉炸得很嫩，口味微甜）、白灼西生菜、江南臭鱼、小厨凉皮、绍兴白切鸡、葱油墨斗、生卤虾、本帮红烧肉、杭茄鲜贝这些菜品的馆子，都始终将江南菜的精华在异地他乡保留和传播。

这其中有独立于闹市之外的江南味道酒楼，其中菜品：上海油焖笋（甜口，春笋很嫩，酱味足）、黄山臭鳜鱼、杭州老鸭煲、外婆红烧肉、上海白切鸡、西湖醋鱼、龙井虾仁、上海四喜烤麸、蟹粉狮子头、清炒鸡毛菜、桂花糯米藕、上海煎馄饨、东坡肉、糖醋小排等。

粤菜：

汤城茉里 地址：八经街61-1号 等

菜品：海皇一品煲（招牌，汤汁浓厚，鲍鱼、鱼胶、鸡爪软嫩）、玻璃乳鸽（外皮酥脆，肉嫩多汁）、黑松露手打鱼付（鱼汤鲜美浓厚，鱼丸绵密细嫩爽滑）、玻璃核桃（开胃甜品）、沙爹脆皮鸡脆皮红米肠粉（红色米肠中间裹着一层脆脆的酥皮，里面是满满的整颗虾仁）、红烧安格斯牛肋（红烧口味，肉质细嫩）、虾子茭白（爽脆可口）、三杯银鳕鱼（鳕鱼外面裹了一层面糊炸过，外焦里嫩）

炆艺乳鸽·煲仔饭大排档 地址：北四经街2-2号

菜品：石岐黄皮小乳鸽（招牌。外皮酥脆，肉质软嫩，汁水饱满）、经典煲仔饭（米粒颗颗分明且饱满，锅巴与腊肠、金丝米相融合）、啫鲜牛肉（啫啫煲，大片牛肉，口感弹嫩）、白灼供港菜心（据说菜是空运过来的）、自制黑椒肠、煎蚝仔烙、啫土猪肥肠（肥肠糯而不腻，油脂已经浸入汤汁里，土锅里配菜有熟蒜、生姜）

鹿桃·粤小馆 地址：文安路18-4号

菜品：越式牛仔粒（肉质细嫩，黑胡椒味浓郁，一口下去爆汁）、玻璃皮润烧乳鸽皇、脆竹笋拌兰花蚌（藤椒加麻油，青笋爽脆，兰花蚌鲜脆）、香煎芦竹笋楠肉卷（竹笋外裹了一层肉卷煎制）、白灼生菜胆（生菜只选取最内侧一小根菜心）、雪花和牛挞（最上面有一层芝士搭配，和牛入口即化）

隐庐·喰飨 地址：文安路18号丽景花园B2栋

菜品：金栗煎虾饼（外焦里嫩，一口下去都是虾腰）、野菜菊花包（干豆腐做皮，野菜做馅料，点缀着菌菇酱）、

文火香烧牛肋肉、椰奶香芋南瓜煲、藤椒去骨猪蹄、鸡汤干贝竹笋汤、招牌手撕龙虾仔、蒜香煎银鳕鱼

大餐馆和特色店并举，文安路上的美食深藏。

万福记·粤点·海鲜粥 地址：文安路58号等
菜品：万福四季虾饺皇、游水鲍鱼滑鸡粥（鸡肉嫩滑，米入口即化，鲍鱼现场捞出制作）、田掌柜菠萝包（脆皮还撒了一点儿白糖，面包松软，中间夹了菠萝奶酥加果粒）、龙腾泰椒脆萝卜（喝粥伴侣，酸甜爽脆）

蜜蜂家·客家蜂味菜馆 地点：文体路2甲5号
菜品：蜂蜜厚多士、蜜蜂家特制排骨（排骨软糯，甜口，肥瘦均匀，下面有糯糯的土豆泥）、氹仔三杯鸡、蜜蜂家蜜汁烤翅（烤翅偏甜口）、啫啫罗马生菜、干炒牛河、黯然销魂饭

说江南不能不说古徽州。汤显祖说：此生痴绝处，无梦到徽州。

徽菜在沈阳有杨记兴·徽菜小馆 地点：大悦城A馆F4层
菜品：招牌红烧臭鳜鱼（肉质鲜嫩，醇滑爽口，保持了鳜鱼的本味原汁）、笋干烧肉（笋干搭配红烧肉）、新胡适一品锅（既有肉、蛋、豆制品，还有蔬菜、菌类，味道香浓）、大别山野笋

鲁菜：

百富源·海鲜辽菜 地址：和平北大街57号 等

菜品：大连鲍翅汤酸菜（招牌。鲍鱼、虾仁与酸菜的全新组合）、石锅海胆豆腐（获奖菜品。海胆融入汤汁，豆腐变得不普通）、金奖大丸子（丸大、汤鲜，搭配娃娃菜）

鹿鸣春饭店 地址：十一纬路40号 等

菜品：锦涛煎转大黄鱼、鹿鸣烧牛肉、松鼠鳜鱼、干烧晶鱼、葱烧筋、御点澄沙包、九转大肠

勺园饭店 地址：东北大马路116号1门-6 等

菜品：老式锅包肉、熘肝尖、松鼠鳜鱼、焦熘肉段、干炸丸子、九转大肠、勺园茄子（茄子搭配肉丝和鸡蛋丝）、香酥鸡

西北民间菜：

西贝莜面村 地址：建设东路158号万象汇五层 等

菜品：黄米凉糕（冰凉沁心，软糯香甜，一口下去三层口感，搭配桂花汁）、浇汁莜面（莜面搭配西红柿浇头）、烤羊排、酸汤莜面鱼鱼、功夫鱼、小锅牛肉、奶酪包

傻子张大盘鸡 地址：沈辽路画苑小区8号楼4门 等

菜品：大盘鸡（分为麻辣、香辣、特辣）、日本豆腐、苦瓜煎蛋、锅包肉

西域来客·中国新疆 地址：宁山中路8号2门

菜品：新疆大盘鸡、红柳大串、手工酸奶、黄油酥皮烤牛肉包子（外皮酥脆，有浓浓黄油香气，内馅肉质软嫩）、坚果手抓饭（胡萝卜、黄萝卜、羊肉与米饭相结合）、西域馕包肉

云南菜：

蘭雲閣云南饭店 地址：昆山中路89-3号

菜品：自烤包浆豆腐（外焦里嫩，搭配蘸水和辣椒面）、云南乳扇、官渡小锅米线（米线里有大颗肉酱丁）、建水气锅鸡、素烹豌豆尖、大理酸木瓜鱼、瑞丽酸笋鱼、宣威火腿洋芋饭

闽菜：

八闽印象·闽南小镇 地址：兴工北街47-2号

菜品：泉州马蹄卷（类似厦门炸五香，咸香口感，马蹄搭配鲜肉，蘸甜辣酱）、厦门海蛎煎、沙茶面、小镇怪鱼（与安徽臭鱼味道相似，鱼肉紧实）、厦门炒米线、灌口姜母鸭、厦门仙景芋头、泉州醋肉（小酥肉口感，但是酸酸的味道）

韩餐：

味家烤肉烤鳗鱼牛排 地址：图们路24-1号 等

菜品：滋补活鳗鱼、蒜香排骨肉、冷面、秘制梅花肉、肋条、味家坛子肉

百济泥炉烤肉 地址：安图北街19号 等

菜品：活烤鳗鱼、老式肥牛、传统酸甜冷面、芝士玉米、拌花菜、梅花肉、炸年糕

草家真味酱蟹专门店 地址：安图北街12号 等

菜品：月梅酱辣蟹（招牌，生食爱好者必点。可以直接吃蟹膏，也可以用蟹黄拌饭，还可以用蟹酱拌饭，还可以将拌饭用海苔包起来吃）、草家酱油蟹黑松露口蘑、草家特色肋条、秘制牛小排、韩式芝士辣鸡爪

枣玛露脊骨汤 地址：安图北街12号甲

菜品：脊骨土豆火锅（脊骨汤，骨头酥烂入味，土豆绵软香甜）、烤肉类、铁板牛小肠、米露、韩式炒杂菜（各种蔬菜与粉条的结合）

万寿参鸡汤 地址：珲春南路11号 等

菜品：参鸡汤（肉质细嫩鲜美入口即化）、海鲜饼、煎豆腐、铁板煎牛肉、辣白菜炒五花肉、干辣椒炒牛肉、牛尾汤、土豆饼

从故乡到异乡，再从异乡到故乡，其实，最直接的就是味道上的怀念和回想。

野蛮生长与融合共生

美食的地域性有先天的积淀，也有后天的演化生成。

沈阳的美食，从早期的野蛮生长到后续的融合，走过了漫长的时间维度、数百年的历史进程。

早期受地域民族饮食习惯的影响，粗犷奔放，炖、烤、炙、熬、煎、煮，都是食物烹制的主要手段。地域饮食习俗的形成之初，因为食材出于自然，取材于山野和河流，加上民风较为粗犷，缺少细腻、精致的加工程序，多以烧、烤、炖、煮等形式为主，部族、家族成员往往集体进食。

满族形成于东北地区之际，随着领土不断扩张和实力日益增强，吸收了越来越多的其他民族人口，这其中包括北方地区的蒙古族人、汉族人、朝鲜族人及其他少数民族人口，甚至还接纳了一部分来自关内的汉族人口。

大量外族人口的加入，为满族社会带来了不同的民族风俗，也带来了不同的饮食文化内容。这样，蒙古族、汉族和其他少数民族的传统食物及饮食习惯，都源源不断地传入满族社会，使满族饮食文化既具有强烈的北方少数民族特性，又具有多元化的民族融合特点。

满族与汉族饮食习俗的融合，似乎饺子和月饼最能说明这个问题。饺子越来越引起重视，成为满族和汉族人民共同喜爱的食物，共情性的突出，无须证明。而中秋节，月饼的制作，满族发扬了地域文化的粗犷豪爽之风，一块月饼，大到八九斤，甚至更重，被称为"喜饼""团圆饼"。

女真（满）族进入辽东地区后，在饮食方面受到汉族食品的影响非常大，不仅在粮食、蔬菜、水果、鱼类等方面丰富了品种，各类食物的数量也极大增长。此外，在女真（满）族传统食品中，还增加了麦类、饮茶等新的品种。这就是民族融合下，饮食的分类过渡和逐渐加速趋同的开始。

后金建国至清朝初期，曾有大量蒙古族人归附，以至后来组建了蒙古八旗，使许多蒙古人加入了满族共同体当中。蒙古族传统的饮食也被带入到满族社会，如蒙古族的奶类食品、饮品等，都成为满族日常的饮食内容。

据历史文献记载，天命七年（1622年）正月，蒙古科尔沁部明安老人诸子之使臣，"携马十匹及五羊之肉、奶酒一壶前来"。此类记载在当时不胜枚举。

这些隐藏在历史缝隙中的内容，其实，就是对饮食文化变迁的最好注解。

满族兴起之初，很早就与朝鲜国发生联系，彼此互有往来。明金萨尔浒之战中，由于参战的朝鲜军队大量被俘，留于后金，使女真（满）族民族中开始融入朝鲜族成分，由此也开始带入朝鲜族的饮食文化。

随着中原文化和北方文化的融合，顺治迁都后，康乾盛世成为清朝繁盛时期。清朝的这两位皇帝，从修治京杭大运河开始以来，曾经多次巡游江南。这些巡游的过程，使得江南沿途一些当地的饮食习俗逐渐为宫廷和民间接纳，这些烹饪的手法和食材被带回了北京。文化熏陶和饮食的调和，食材的丰富，因为地域的扩大而变化，中原的饮食习惯和诸多烹饪技艺影响了沈阳的饮食习惯，一些往来于京城直隶和沈阳之间的官员和商贾，将这些饮食的新奇做法和食材带回沈阳，促使新的美食种类的繁荣。

这一研究结果，已然为诸多研究清文化和满族民俗历史的专家学者们所认定，并且在满文老档等历史文献资料中得到了相关考据的支撑。那个阶段，由于受到中原、江南地区各种美味食品的影响，清宫饮食已经发生较大改变，食谱中既有许多北方菜系佳肴，还有许多南方菜系美味，而且其烹饪方式已基本转为南方制作形式。

如同治元年（1861年）十月初十日，进皇太后一桌早膳为："火锅二品：羊肉炖豆腐、炉鸭炖白菜；大碗菜四品：燕窝福字锅烧鸭子、燕窝寿字白鸭丝、燕窝万字红白鸭子、燕窝年字什锦攒丝；中碗菜四品：燕窝鸭丝、熘鲜虾、三鲜鸽蛋、脍鸭腰；碟菜六品：燕窝炒熏鸡丝、肥肉片炒翅子、口蘑炒鸡片、熘野鸭丸子、果子酱、碎溜鸡；片盘二品：挂炉鸭子、挂炉猪；饽饽四品：百寿桃、五福捧寿桃、寿意白糖油糕、寿意苜蓿糕；燕窝鸭条汤；鸡丝面。"又如同治元年（1861年）十二月三十日，刚即位不久的同治皇帝载淳除夕晚膳为："大碗菜四品：燕窝万字金银鸭子、燕窝年字三鲜肥鸡、燕窝如字锅烧鸭子、燕窝意字什锦鸡丝；杯碗菜四品：燕窝炒炉鸭丝、炒野鸡爪、小炒鲤鱼、肉丝炒鸡蛋；片盘二品：挂炉鸭子、挂炉猪；饽饽二品：白糖油糕、如意卷；燕窝八仙汤。"这也间接地影响了后来的沈阳餐饮格局和民国初年的沈阳烹饪技法的变化与衍生。

据目前的了解和查阅的资料看，包括当时一些官府和大宅门中的家宴和日常饮食与"三春六楼七十二饭店"所留下来的相关回忆，到了清末民初，一些宫廷的烹饪形式技巧逐渐传出宫廷，流入民间。民间一些富裕人家，官府大员，热衷于南北菜系的调和融入，从张学良的生活中，就可以看得出，当时擅长做南方菜和各地菜系的厨师，在沈阳城已经并不鲜见。

新中国成立后，作为被誉为共和国长子的省会，重工业城市沈阳的美食进入了三个不同的阶段。

一是新中国成立初期的恢复，二是改革开放后的雨后春笋一般的蓬勃兴起，三是近十年的不断校正和融合。

无论是早年的中华老字号的传承和发扬光大，还是现阶段各类菜系和创意融合的新派理念的传达和晋升，都使得沈阳美食的容量和高度得到了不一样的提升。

不保守、有创新，始终在提升城市的饮食文化的高度，在融合与发展中，形成了新的沈阳美食新局面。

追忆似水流年里的味道

人到了一定年龄，对生活就有了新的感悟，自然，对味道的本真也有了不一样的窥视和了解。就像一个中年人，或一位老者，总爱在回忆与怀念的过程中，体验往昔的美好和旧时光中的温暖，甚至是似水流年中的心灵慰藉。

我记得，汪曾祺先生曾经在我的书上写下过一句话，简短且有着极深的回味之意："读书是人生最大的慰藉。"

书没有在手边，大意不会错，简洁的文字，却融入一位老者半生的智慧和体悟。

我喜欢汪曾祺的文字，亦喜欢文字对美食的叙述。我期待有关沈阳的美食文字，从人文的深度到对食材烹饪的记述，形成沈阳美食文化的概念。

就像现在，我们通过齐如山、金受申、梁实秋、老舍、唐鲁孙、王世襄等老先生的文字，对旧时北京的饮食文化有了重新解读和怀念的机会。

我希望，我们的文字通过对沈阳美食文化的厚重与传承，对城市味道的追忆，留存下似水流年中城市味道或深或浅的痕迹。

我想，这是一个人的记述，但也是一个人引领一群人，甚至是一座城市对味道的回忆和遥望。

这样的话，我们就将因为一处美食，回想起一座城市不同地理坐标下，曾经出现和消失的美食，回想起这些地方，与人生的交错和擦肩而过的故事。

我最早的记忆是父亲带我去郊区一处生产队办事，回来的时候，我们吃了一次饭馆里的菜，那是乡下的食堂厨师做的，应该是集体所有制下的饭馆。

青椒炒土豆片。土豆金黄，青椒翠绿，黄绿之间，是那乡土的经典，朴素而清香。土豆软硬适中，青椒脆而微麻，火候掌握得恰到好处。以至于我在家炒这道菜，总是把握不到火候，土豆不是软了就是硬了，青椒不是太生就是太烂。

我记住了，这是地三鲜的雏形，油很大，滋味浓郁。

直到现在我都能够记住那个味道，留在唇齿之间，至今都还记得。当年我回家和姥姥说，我爸带我去吃"真正的菜"了。这里所说的"真正的菜"，是我对沈阳美食文化最早的触点，甚至形成了味蕾的引子。

一旦说到沈阳的饮食和菜品，我都会把这道菜作为标签式的样板，搁置在城市美食文化的重要位置上。

跟这道菜的简单相比，还会有另外复杂的菜出现在我的记忆中。这就是"家常茄盒""白猿献果"和"油炸响铃"。

家常茄盒，是我姥姥和妈妈的拿手菜，也是沈阳人各家祖辈传下来的家常菜，一般人家都会做。只是做起来有些花时间、费工夫，不是赶上年节有较长的休息时间，是不会有人家舍得做的。当然，时间是一方面，更重要的是，炸制茄盒的豆油，在物资匮乏的年代，一般人家是舍不得用的。

东北的紫茄子连刀切片，中间夹上肉馅，外面裹上面糊，热油下锅，炸制金黄，出锅装盘。入口肉馅和葱香包围着茄子的软嫩和清香，着实令人着迷。

白猿献果和油炸响铃，也是过油炸制的菜品，这在当年是很受人喜爱的"硬菜"。

为什么会如此呢？

无他，大抵是因为荤腥和油炸制品的匮乏引发的连锁反应。即便是雪绵豆沙，也是因为这个才成为沈阳人记忆中所向往的好吃食的。

如今，人说得最多的一句话就是，咋吃不出当年的味儿了呢？东西是一样的，做法也是一样的，就是与记忆中的味道相差甚远。不知是东西失去了当初的本味，还是我们的味觉发生了偏差？有人对多年之前的一顿饭念念不忘，有人直到生命的尽头还在想念某种吃过的东西。这种执念在多数人心中都有留存，其实是对逝去时光的一种缅怀，或一种追悼。

还记得第一次到县城吃到油条、喝到豆浆的感觉。那油条表皮金黄，膨松，配上纯白的豆浆，即刻融化，再夹一口榨菜，咸甜适中，觉得嘴里已不仅是食物了，而是身心通透之感。

还有第一次吃灌汤包更是难忘。包子再家常不过了，但咬一口，一股水溢满口腔，挑动起味蕾，这简直太神奇了。我一直不知道那汤是如何包进去而不漏的，不知道为啥包子馅里可以带汤。后来有人指点我如何正确吃灌汤包，要先咬开一个小口子，把里面的汤吸进口中，慢慢地体会那味道，最后再吃包子。

20世纪80年代的沈阳街头，经常可以看到街边摊，其中最常见的就是高粱米水饭，茄子拌土豆。有时走到摊前，也来一碗高粱米饭，那时沈阳人由吃粗粮改吃细粮也就十年的时间，一看到高粱米，立即勾起内心的回忆。东北人吃高粱米已久，在那时是主粮，帮我们度过了多少个青黄不接的岁月？但正是高粱米养育了整整几代东北人，可以说我们都是吃高粱米长大的，手脚粗壮，身大力不亏。搬过小板凳，一碗过水米饭、一碗紫茄子拌土豆，酱有鸡蛋的也有肉的，再加上青翠的小葱叶，绝配。少小时的记忆中，高粱米入口有些刮嘴难咽，可后来再吃时，觉得爽口下饭，顺顺滑滑。其实，这时吃的已不是高粱米本身，而是一种记忆，一种情怀。现在，作为粗粮的高粱米、玉米等重新被奉为上品，是吃惯了大鱼大肉后的一种回归，也是降低三高、增加纤维的习惯使然。

　　小时候过年，一定要准备冻秋梨、爆米花、炒花生。冻秋梨品相不好看，黑不溜秋的，却是必备。大年夜吃过了年夜饭，那也是一年来最盛大的餐宴，肚子里突然多了油水，身体有些不适。冻秋梨早早就放在凉水里了，往往它从冰碴子里挣脱出来，就快化好了。捞出一个，掐一下，有些软，咬破皮，对着那小口嘬里面的汁儿，酸酸甜甜、冰冰凉凉，顿时，打了个激灵，就像现在的雪糕冰激凌，爽到心口。这冻秋梨是用来解油腻、刮大油的。虽然现在它好像退出了历史舞台，由冰点替代了，但那回忆是不能替代的。

　　我们那时候冻的东西特别多，常见的是冻地瓜、冻苹果、冻土豆。屋外窗台就是天然的大冰箱。那时经常拿着解冻的地瓜，在上学的路上就啃完了，算是吃完了一顿饭。当然还有烤地瓜和烤土豆，可以说是那个年代的美食了。烧煤或烧柴时，把地瓜或土豆埋进火里，听到一声爆响就熟了，从火里扒出来，表面上带着灰，很是烫手，当然也很烫嘴，但那香气会让人迫不及待地扒掉皮，露出那红红的瓜瓤，稀乎乎、软塌塌、甜丝丝，含在嘴里，仿佛含着蜜，一直甜到了心里。

爆米花，现在似乎只存在电影院里，是一边看电影一边捧着大桶吃的零食。但在那个年代，过年崩一锅爆米花，是一件极其郑重的仪式。那时有街头，人们要自带原料，玉米和糖，交给师傅，只见他手摇着滚筒，在火上转动。待时间到时，小孩子们瞬间散开，纷纷捂住耳朵，紧张地盯着那黑黝黝的滚筒。只听得地动山摇般嘭的一声巨响，一股青烟升腾起来，爆米花崩好了。大家兴高采烈地围上去，看着大爷从那个筒里变戏法似的倒出爆米花来，一颗颗，白白的、胖胖的镶着金色的边，装好口袋，交上钱，放在自行车后座上，心满意足地回家。

那时入了冬，要包黏豆包和饺子，家家户户的窗台、房顶都冻着过冬的食物。包黏豆包是个力气活儿，往往几个人累得腰都直不起来。但那却是一家人一冬的主食。黄的大黄米磨成的面，红的豆沙馅，绿的苏子叶，包好的黏豆包一排排地摆好，一夜之间都成了硬邦邦的石头。冻好的黏豆包要储存在大缸里，想吃时就拿出来蒸熟。那时总是感叹黏豆包的神奇，本来是坚硬的东西，一经笼屉上蒸熟就仿佛脱胎换骨。苏子叶像一只荷叶般托举着它，它像刚刚出水的花骨朵，含着羞带着露，软绵绵的，水汪汪的，都不忍心吃它。黏豆包要蘸糖吃的，那种糯软令人回味不已。

似水流年之中，这些老味道似乎都随着时光沉到记忆深处，而现在做出的东西，样式在不断更新，可滋味却日渐寡淡。其实也没必要非得纠结于是不是原来的味道，它们曾经给我们那些灰暗的年代带来一抹亮色、一丝温暖、一点满足，已经足够。

新华园的大骨头火锅、南十马路附近的老家肉饼、南二马路的清汤杨家炖肉、金都饭店、太原南街的老妈红麻辣烫、南市场地铁口的拌蚬子、铁西建业路大树下的拌咸菜、太原北街的小碗三鲜馅饺子、皇姑岐山路附近走街串巷的大爷卖的羊杂、皇寺广场的兄弟俩开的家常菜馆里的"滑熘里脊""大丸子"……

数不胜数的经年味道，隐藏在我们悠远的回忆中，直到消逝的时间，被这一座城市一辈又一辈的人所熟悉和汲取。

谁还能记得老北市场、西北市场中百年前舌尖上的味道？谁还能记得小河沿万泉夏季里，沧桑挪移中吃食美味的变换？如今，光阴不停地推移，一些老味道在坚守着，也有一些老味道掺进了其他美味。是原汁原味好，还是与时俱进好呢？这是个永恒的命题，每个人心里都有一个答案。但无论是否改变，只要有人喜欢就好。

留下一些文字和记述，对一座城市和似水年华中的味道致意，致意那些富有工匠精神的厨师和店铺经营者，致意我们这座城市的所有美好和对味道执着的人。

所有的美食通过记忆在年华的流水中生生不息地传播和被人们铭记。

我们知道，这座城市因为美食的记忆而幸福和美好。

口味与上榜

一地味蕾，依托一地风物的山水和人文。

一地味道的拥趸，自然离不开这座城市和乡土的生存者。

每到一城，喜欢美食的人，都会在不经意间，寻访味道的本源，似乎，在城市或者是乡土间，那些看上去不起眼的食材，都是老饕们梦寐以求的天然恩赐。

为了回报，这座城市的美食经营者、老饕或者说寻访者，都会对美食进行逐一的评判。这种评判，或者出自专业团队的测评，或者根据媒体与公众平台、自媒体的查验。

于是乎，一个词，在美食的江湖里悄无声息地出现。

这个词，就是"上榜"。

米其林、黑珍珠、美食林、必吃榜。

诸多平台团队，再加上直播短视频平台的各类专业厨师探店、媒体人说吃、文人鉴别美食的本真味道，都成为不可或缺的信息渠道和美食信息的来源。

我们喜欢那些不为金钱利益的美食"上榜"店家。

我们对美食的制造者充满了无限的好奇和敬意。

上榜，让我们走近了美食江湖的核心内容。

下面是 2022 年新公布的大众点评必吃榜的上榜餐馆酒店，分布在不同的地段，包含不同的菜系。

安三胖韩国烤肉（领事馆 1988 创始店）

菜小湘·辣椒炒肉（大奥莱店）

翠湖食集

大树餐厅（大悦城店）

额尔敦传统涮火锅（铁西店）

二丁目食堂（铁西万象汇店）

奉吉烧烤（万莲路店）

奉天小馆（万象城店）

积善食堂放题自助

九福小串（总店）

老铁老式麻辣烫手工炸串总店

历程·烤者见证串吧（沈河区总店）

辽铭宴（铁西店）

刘记光大火锅鸡（中街店）

柳城印象螺蛳粉（怀远门店）

麦香铁锅焖面（沈阳店）

满圆薄春饼（太原街店）

美里·朝鲜族烤串

米娅泰式小厨

破店甜麻肥哈·海鲜·烤串

青梅酒肆（中街长安里店）

忍者神龟比萨店（三好店）

日常餐厅

三秋舍·梦幻岛

三俞竹苑川菜（万象汇店）

沈辽涮肉火锅（沈辽路店）

声声肥牛

师任堂韩式食品（总店）

万寿参鸡汤（珲春南路店）

味家烤肉烤鳗鱼牛排（珲春南路店）

幸荟饭堂

熊喵来了火锅（花园城店）

寻岸·活鲜主题自助（大悦城店）

渝巷子重庆市井火锅

遇约烤鸭（铁西店）

枣玛露脊骨汤·烤肉（西塔总店）

枕水江南（铁西万象汇店）

我筛选出曾经去过的三俞竹苑，作为代表记述如下：

作为这一年度唯一入选的川菜，三俞竹苑确实有可圈可
点之处。

菜，自古因地域不同而味道迥异；味，则凭东西南北口
尝心证，推陈出新，新意独陈。

当年我吃的时候，水煮鱼有江团鱼（水煮、酸菜、清
蒸）、乌江鱼（水煮、酸菜、清蒸）、黑鱼（水煮、酸菜）、

草鱼等不同种类。

看菜谱上的介绍，知道这家店源起长春川菜名店三俞竹苑，名满长春十余年，浸染巴蜀重庆风情，主推各类江海河鲜，以正宗渝地烹饪技法入厨，刀功精准，食材地道本味，水煮鱼油清而洁净。

醪糟汤圆，味道正宗；麻辣馋嘴蛙，麻辣鲜香；夫妻肺片用料考究，辣与鲜相得益彰；毛血旺使你恍若置身重庆朝天门的老码头；口水鸡、川北凉粉等更是有意味深长的回想与怀念；糯米排骨，软糯脱骨。

其实，说到川菜，万千滋味，一脉传承，但是，非只辣与麻两个字可以囊括。麻辣中的鲜和香，更是带有创意的格局眼界。蛋煎糍粑，香甜柔韧。

说到这儿，不能不为三俞竹苑的菜品点几个赞。普通酒家餐饮味道变换不能持久，三俞竹苑的水煮鱼我吃了这么多年，水准始终保持得不错。

三俞竹苑的麻辣香锅也是品质和口味的保证，食材配料中有虾、鱿鱼、莲藕、青笋、丝瓜、香菇等。

品质如一，食材新鲜，味道纯正，倘若将此家川菜的意象从文字的角度详尽描摹，三俞竹苑更像是一阕宋代的词章，淡淡的幽香绵软，浓郁中有种渗透力。

食在三俞竹苑，无论春夏我都喜欢，加入一壶他们自己熬制的冰糖酸梅汤，身心融入天地间的空灵与想象，更接近于食材的本味与时光的厚重。

饺子是美食文化中共情的食物

"好吃不如饺子"，这句耳熟能详的民间老话，将饺子这种食物在人民大众心目中的地位昭示得清清楚楚，明明白白。就连当年的"春典"隐语黑话，饺子的春典叫法，也不止一个，像什么"皱边子""捏边子""漂洋子"，鲜明、形象。

为此，我们完全可以说，这是在国人食物中，最有知名度和辨识度的食物了。

不过，从古至今，饺子的由来和历史上的造型演变，向来众说纷纭。唯一对饺子共识的是，饺子是南方到北方共同推荐的美味，突破了传统的地域性限制，有着共情食物的突出特点。

上至宫廷，下到民间，食材的选择或许不尽相同。有的馅料珍贵，上好的应季蔬菜搭配山珍海味，包出形状各异的饺子佳品；有的馅料简单，白菜、豆腐、粉条，素雅清新，令人有亲近和质朴之思。

"好吃不如饺子"，还有下一句，那便是"舒服不如倒着"。

这两句，已经将吃饺子的感觉上升到人生的两大美好境界，这可是南国北地通常追求的一种饮食况味。

饺子是共情的食物。

从江南到北方，对饺子的钟爱，由来已久。

一些民间谚语俚曲老话中，说到饺子者，不在少数。

从小孩子的抓周到老人家的贺寿，一碗热气腾腾的饺子，都是离不开、少不了的。

> 小小子，是好宝，给他包顿白肉饺。
>
> 小孩子，要听话，包顿饺子好长大。
>
> 没牙的，俩老的，包顿饺子吃好的。

即便是宫廷里，大户人家，也对饺子情有独钟，民间留下过"白面为皮肉为馅，胜他玉液金波宴"的句子。

而"谁家过年还不吃顿饺子"这一句，则将饺子和大众生活的密切关联，表述得淋漓尽致。过年吃饺子，俨然是传统意义上标志性的环节。

至于"头伏饺子二伏面，三伏烙饼炒鸡蛋"和"初一饺子初二面，初三烙饼卷鸡蛋"这样的俗语，相映成趣，作为时令节气中衔接食物与生活标签元素的重要符号，饺子在饮食生活中的重要性是不言而喻的。

饺子这种食物的出现，传说和说法亦是各异。从孙思邈到蜀中"交子"都是人们津津乐道的话题，至于说考古学家和历史学家怎么看，民俗学家和文献派是如何判定的，人们反倒是不甚关心。

"饺子"的吃法各异，形状馅料更是因为地域民俗甚至宗教信仰不同，大相径庭。唯一令人欣慰的是，他们都是把

"饺子"作为饮食文化中极为重要的食物看待的。

沈阳是"饺子文化"的溯源地，这给沈阳的饺子文化以根的诠释。

"饺子"的出现，与民俗饮食融合有着重要的关系。

在沈阳吃饺子的选择性极多，可以说十分丰富。

想吃承袭城阙余脉的老字号，不妨去老边饺子，店在中街，距离沈阳故宫和张学良旧居也就几百米，倘若早上游览个中之一，不妨中午选择在此用餐。

坐看紫气东来风云事，遥想凤凰楼云起云落，也是一种快慰人生的感觉，食物就会令人觉得有欣欣然的怀想。

与这座城市，与众多过往相关。

而倘若不是追求中华老字号的仪式感，更接地气更为这座城市所包容的，则是另外的一种饺子的吃法和快乐。

东泽边家传人饺子馆、南鹿饺子馆、王厚元饺子馆、三盛轩回民饺子馆、三盛源饺子馆、脱家饺子馆、王家饺子馆、老王头饺子馆、甘露饺子馆、老北洋饺子馆、齐贤饺子馆、二合永饺子馆、独特风味饺子馆、溢香风味饺子馆、一分利饺子馆等等，排名不分先后，挂一漏万，毕竟，对于沈阳这座城市来说，饺子馆是层出不穷、比比皆是的。

有大店，大到新洪记饺子，偌大酒店，以饺子命名，海鲜大菜，宴席宴会，所在都有，宾客们无一不对店家的冰花尖饺和各种馅料的饺子称颂点赞。

同样的王厚元饺子，开店数量和饺子馅料之多，在沈阳，已然成为老百姓大众心目中的口碑之店。

大店小馆，皆宜饺子。

海鲜饺子、家常饺子，也是各个店家的主打。

小平岛、百富源、喜家德、清和传家，好多饺子即是大餐特色，也是日常饱腹的主食。这令很多喜欢饺子美食和迷恋传统文化的人，不免对这座城市跟饺子的历史渊源，产生浓厚的兴趣。

我们是民间美食爱好者，对城市的饮食有着同样的兴趣和痴迷。我们整理和收集资料文献，对饺子文化进行梳理，逐渐发现了一些城市和饺子的历史和过去。

在许多许多年以前，饺子，满族称"艾吉格饽"。

当然，现在我们都知道，那时候的饺子，也被称作"煮饽饽"。正像当年传下来的一句话，"银子拿到手，'肉煮饽饽'不离口"。"煮饽饽"已经进入了日常生活的幸福指数衡器，是不是吃得上"煮饽饽"，也意味着人生是否活得潇洒和自在。

其实，关于饺子的起源，说法不一，汉代张仲景的说法和宋代"交子"的说法，都是极具民间传说的性质。

齐如山先生是著名作家、学者，一生中与梅兰芳先生长达二十多年的合作，被尊为一代国剧理论家。他对近代社会的掌故和民俗、饮食习惯、食物的来源都有极深的研究和阅历，并写了大量有关民俗饮食文化类的文字，他对各种食物的描述更是娓娓道来，令人信服。在齐如山先生的行文中，他记述的是，饺子来源也相当早。

明张自烈《正字通》云："今俗饺饵，屑米面和饴为之，干湿大小不一，水饺饵即段成式食品的汤中牢丸，或谓之粉角，北人读角如矫，因呼饺饵，讹为饺儿云云。"

单就这段文字，已然将饺子与北方习俗和民间的重视程度，讲得通透和淋漓。

而在齐如山先生的著述中，记述饺子不光是一般的白面饺子，亦有荞麦、高粱、小米、绿豆面等。馅料多种，有猪肉、牛肉、羊肉，更有多种素馅饺子。

不过，尚有烫面饺子，值得一书。

一般的饺子都是冷水和面，勉强用到温水的，水温也不能过热。不过，烫面饺子多用沸水以蒸饺为烹饪形式。关东人喜欢的大馅饺子和水馅饺子，多为烫面制作方法制作出来的。

北方人吃饺子的种类极多，蒸的、煮的、烙的、贴的，做法不一样，形式也不同，这正是"干湿大小不一"的情形。

饺子为北方乡间的解馋上品。

当然，这都是民俗美食文化的记述者的眼光视角，深藏在历史中的饺子，似乎有着更深厚的渊源和底蕴。

翻读唐宋以来的文献资料，《酉阳杂俎》《东京梦华录》《武林旧事》等诸多当时文人的记述，不难发现他们对食物的钟爱，已经是世人热衷的重点。而对厨师和饮食调和烹饪的做法，更是有着详尽的记载。

只是，饺子、包子、馄饨等在当时的记述中大多归于"汤饼"的记载。

民国时著名文学评论家、民俗学者杨荫深先生著述中"细述万物由来"，谈及饺子，则称：至于饺子，古实称为"角儿"。饺子本作饺䭤，角乃像其形。按《武林旧事》有诸色角儿，此角儿即今所谓饺子，在宋已有了的，惟尚不作饺，可知饺乃为明人所改。至于牢丸实为汤饼。

宋时还有一种叫夹儿的，或作铗儿、铰子，也是用面粉做成，如宋林洪《山家清供》作胜肉铧云："焯笋蕈同截，人胡桃松子，和以酒酱香料，擦面作铧子同煮，色不变可食矣。"是铧子亦有馅。宋吴自牧《梦粱录》更有细馅夹儿、笋肉夹儿、油炸夹儿、金铤夹儿、江鱼夹儿，而与水晶包儿、笋肉包儿、虾鱼包儿、江鱼包儿、蟹肉包儿、鹅鸭包儿、鹅眉包儿同列。包儿当是包子，夹儿则今无是称，后世已经不知道此类食物究竟为何物了，不过，亦有人猜测为介乎饺子和包子这类食物之间，类似于春卷一类。

不过，不管怎么说，饺子在宋代已经成为比较常见的食物。

宋周密《武林旧事》所载，还有不以饼为名，而也是用面粉做的，如馄饨、包子、饺子之类，在古时也统归饼类。

由此看来，宋代，已经有包子、饺子作为主要饮食的文献记载，并且逐渐传播到了中原和北方各地。饺子作为北方汉族的食品，传入满族后，成为满族节庆日的重要食物。每年春节之前，满族人家都会包出大量的艾吉格饽，放在户外冻上，随吃随煮，正月初一、初五、十四至十六日、二十五"龙凤日"均要吃艾吉格饽。平时若有贵客来家，也常包艾吉格饽。

对于沈阳人来说，各个时令吃饺子已成为一种风俗，过年吃、立春吃、立秋吃、立冬吃，随时随地都得吃。这里有"世界历史上最长的饺子馆"，关键是这里还有一城无饺不欢的人群。从技法上，沈阳人把饺子做到了极致，蒸着吃、煮着吃、炸着吃、煎着吃。都说包子好不好吃全在褶上，但饺子好不好吃其实全在馅上。馅更是包罗万象无所不有，肉类、海鲜、菜类，无论是天上飞的、水里游的、地上跑的皆可入馅。而包出的花样更是独出心裁，元宝饺、波波饺、鱼形饺、月牙饺、钱包饺，数不胜数，沈阳人真是把饺子包出花儿来了。沈阳人包饺子，只有你想不到，没有做不出的。所以沈阳人在包饺子这事上，想象力丰富，脑洞大开，各种馅百花齐放，比如三鲜馅、酸菜馅、白菜馅、牛肉洋葱馅、芹菜馅是日常，但近年来各种馅层出不穷，比如芸豆馅、青椒馅、红萝卜馅、香菜馅、茴香馅、角瓜馅、西红柿馅、黄瓜馅、香菇馅、紫菜虾皮馅、虾爬子馅、鲅鱼馅等，多得数不过来，仿佛世间万物都可入馅。

饺子承载着沈阳人世代的饮食理想，那就是"好吃不如饺子"，把饺子奉为第一美食。饺子也是吉祥如意、美满团圆的象征，不仅是一种食物，更是一道仪式，一种心灵的归属感，里面传达的是情感与愿望。

2020年，沈阳成功地申报饺子文化起源地。

一家人从剁馅开始，那乒乒乓乓和声音响起，好似一场大戏开演，生旦净末丑依次登场，而大女主永远是家庭主妇。她揉的面软硬适中，她搅的馅有自己的独特味道，全家人都熟悉，却百吃不厌。她一声招呼，老老少少齐上阵，有人擀皮，有人包馅，有人烧水，有人捣蒜，也总会有捣乱的小孩子哭着喊着来凑热闹，不是把饺剂子粘到了一起，就是把面粉弄得鼻子头发上全都是，一家人这时会笑个前仰后合，至于孩子到底是包出来个四不像还是一团混沌都不重要了，重要的是那种欢乐的弥漫，淹没了每个人。

沈阳人吃水饺也吃蒸饺，当然也偶尔吃煎饺，一盘盘肉乎乎、胖墩墩的饺子端上桌，蘸上饺子醋或蒜泥、酱油，淋几滴香油，吃到满嘴生香，眉开眼笑。而过年时包饺子，女主人不会忘了往馅里加进大枣或硬币，谁要是有幸吃到，那就说明这一年好运相随，福气降临。吃到的人也总会又惊又喜，间或大喊大叫，喜形于色，那场大戏便演到了高潮。

饺子是家的味道，更是妈妈的味道。

清末民初以来，沈阳的饺子馆可谓遍地开花。

沈阳的饺子种类和店铺颇多，最有名的当属老边饺子，将在《我们熟悉的店和硬菜》里详细记述，在此不赘。

甘露饺子馆在沈阳也有些年头儿了，是老沈阳人记忆里顶好吃的饺子。它的创始人也是一位山东人，他闯关东来到沈阳，在甘露街开起饺子馆，便以街为名。甘露饺子之所以好吃，与他家的肉馅有关。他们的肉品从不外购，都是来自建于法库的养殖场，这一点就是很牛的，没有几家能做到，从而保证了肉馅的绿色有机。饺子皮薄馅大、真材实料，以三鲜馅、鸳鸯馅、青椒馅、羊肉馅、白菜馅、鱼肉馅为主，造就了沈阳人心目中经济实惠又好吃的完美形象，再加上元宝形的独特形状，咬一口满嘴流油，深受沈城百姓的喜爱。

似乎一夜之间，沈阳连锁的喜家德虾仁水饺店如雨后春笋般遍布大街小巷。喜家德的看家本事，就是老老实实地做好虾饺，专一执着，保证质量，每只饺子里必有一个虾仁，绝不含糊。他们本着透明的原则，让食客真切地看到制作的全过程，看得真切，吃得放心。

东方饺子王主打水饺，皮薄馅大多汁，吃时要特别小心，稍不留神，那馅就能从饺子里流出来。老洪记饺子的西红柿馅和海鲜馅，王厚元饺子的肉三鲜与素三鲜，也都有自己的特色。还有小平岛开海水饺、阿里婆水饺、老上号饺子坊、大清花饺子、北森水饺、小盖帘水饺、喜乐滋水饺、嗨饺水饺、阿里婆自助、9.18元自助、船歌渔水饺等，群星璀璨，让沈阳人尽享口福。

现如今，沈阳的大街小巷，寻一家饺子馆，在探访味道的同时，回想一下百年风云，沈阳的过眼烟云，都会在这一盘饺子中，慢慢咀嚼和怀念。

美食推荐

老边饺子馆 地址：中街路208号

南鹿饺子馆 地址：十一纬路38巷3号

王厚元饺子馆 地址：黄河南大街沈阳皇冠假日酒店对面 等

三盛轩回民饺子馆 地址：大什字街4号

三盛源饺子馆 地址：南宁街19号

老北洋饺子馆 地址：南滑翔路1号5-1-1

齐贤回民饺子馆 地址：七马路34号

二合永回民餐厅 地址：南七中路34号

老独特风味饺子馆 地址：兴业路与齐贤南街交叉口南

老王头饺子馆 地址：国工二街45甲2号

新洪记·丽久饭店 地址：兴工北街128号

沈阳的硬菜

在东北，很多人形容餐桌上的菜品好不好，食材是不是珍贵，烹饪是否精致，就是用一个词："硬菜"。如果待客置办酒席，桌上没有拿得出手的硬菜，那主人是很没面子的，会遭到嘲笑，会被人看不起。所以至今沈阳人无论是婚、丧、娶还是招待朋友客人，哪怕手头再拮据也要弄几道硬菜来充门面，这是有关尊严的事。

这倒是有意思的现象了。

每一座城市，在国人的记忆中，都会有一个美食元素或者是符号。这种元素符号，慢慢地演化进阶为带有城市显著特性的"标签"。

当我们看到这一类美食的时候，会第一时间想到这座城市。而从城市的名字联想到美食，甚或是一道菜的同时，我们会对饮食的属性，有着新的认知和了解。毫无疑问，这将是美食和城市最完美的邂逅和相互致意。

"羊肉泡馍"和"肉夹馍"最先令人想到的是西安，进而联想到潼关。

"臭鳜鱼"这道菜，自然是古徽州和黄山的印记颇多。

"炸酱面"和"小面"的前面，都是挂着招牌的，一般以老北京和重庆为主。

"煎饼馃子""嘎巴菜""耳朵眼炸糕"的字眼里充溢着津门的风尚和民俗，你甚至在念叨出这样的词汇的时候，隐约会听到茶馆里相声式的语言在脑子里回响。

那么，既然如此，什么样的菜肴才是沈阳人眼里的"硬菜"呢？

乱炖

红烧肉烧干豆角

地三鲜

熘肉段

火爆腰花

熘肝尖

五花肉炖豆腐白菜

红烧肘子

酱脊骨、酱大骨棒

雪绵豆沙

锅塌肘子

干烧王鱼

红烧大鲤鱼

护心肉炒尖椒

红烧哈什蚂

大伙房水库鱼头

开河鱼

红蘑烧土豆

大连鲍鱼闷土豆

葱烧辽参

红烧鹿肉

…………

　　年代更迭，随着光阴的轮转，春秋几度，"硬菜"的形式内容都有了不一样的变化。少年时的干烧王鱼，也就是大王鱼，已经不怎么出现在餐桌之上了，更多的时候，是出现在中老年人回忆的报刊、书籍里，味道和菜肴以文字的形式呈现出时间的苍凉之感。而各式各样的生猛海鲜，则因为生活的日益富庶而被更多的大众平民所认知。龙虾、面包蟹、象拔蚌、基围虾、深海苏眉鱼、老虎斑、石斑鱼，这些即便是昔年宫廷豪门都闻所未闻的食材由于时代的进步，也相继走入了寻常百姓家，"硬菜"的样式与种类，自然有了不一样的扩容和增量。

　　沈阳饭桌上的硬菜，以前指的是红烧肘子、红烧鱼、四喜丸子、烧鸡。小时候坐席，大人和孩子都要把剩下的包走，而这四样是最受欢迎的。随着生活水平的提高，虾、刺身、鲍鱼、乳猪等更多硬菜的出现，让每个人眼里的标准都不同。但四喜丸子却没有变，因为它的寓意实在太美好了。

　　说起硬菜，在沈阳人的理解中，自然是各有各的推荐。不过，似乎"硬菜"的称谓和说法，还是跟地域民族饮食的早期性基因相关联的。

　　就好像，沈阳人的口味对大鱼大肉有天生的好感，嗜好者众多。有些就是出于满族人吃祭肉的习俗。

　　据文献历史记载，吃祭肉的习俗在满族贵族和普通旗人之家均得到保持。清朝入关后，这一习俗也一直为大多数满族人所遵守，直到清末也未有改变，这反映了满族崇尚集体祭祀和食肉的传统风俗。

除了常见的赏吃福肉、赏赐祭肉外，满族贵族在祭天时，也会使用牛、羊、驼等大型牲畜，每次祭祀结束，也常将祭肉分享他人，共庆祭天礼成。

天命八年（1623年）七月，努尔哈赤率属臣至"旧辽东之南岗，杀八牛祭纛。归来，于河岸赏有职之大臣。计：一等总兵官各十二斤，三等总兵官各十斤，副将各八斤，参将各六斤，游击各五斤，备御各四斤，千总各二斤，守堡二人给一斤。汉官，副将各五斤，参将各四斤，游击各三斤，备御各二斤，千总各一斤"。

文字躺在古代的文献和旧时的档案中，隐约闪烁着年代的光泽，却被无声的叹息所打动，我们对食物的记载和记述，在当年，是由于历史的备注而留存下来的。没有想到的是，这样的文字，在另一种形式下，拓宽了我们的视野和眼界，为美食的传承，留下来宝贵的财富。

由这些饮食风俗发展而来的大开大合的饮食习惯，逐渐产生了潜移默化的改变，在本地区的饮食中，形成了有序的基因元素。像种子一样，逐渐发芽和萌生，绵延不绝，成了众人共情的食物。

硬菜，其实在一定程度上，是一座城市内心坦荡磊落的美食寄托之物，具备了无形的精神层面的精髓。

在沈阳，与友人欢，一定要有"硬菜"上桌，是为隆重。

附录

我们熟悉的店和硬菜

一城烟火，百味千店。

作为沈阳民间美食爱好者，我盲筛一下拥有"硬菜"的馆子，可圈可点，味道上乘者，不胜枚举。虽然，这之前的章节中已经有所提及，而我们愿意再一次以凝眸回味记叙文字，向一座城市的味蕾绽放的匠心店、大师艺，深深地致敬。

悠久的华夏历史，孕育了灿烂的饮食文化，其中以八大菜系最为著名。20世纪80年代，辽菜作为地方菜系异军突起，为越来越多的人所称道所喜爱。辽菜是根据辽宁内陆地区民族特点、区域特点、饮食习惯、烹饪技法创建的一种地方菜系。提起沈阳人，以至东北人，给人的印象便是大碗喝酒、大口吃肉的粗犷形象，而菜品更是大盘子甚至直接用盆端的乱炖，简单粗暴，与精致无缘，更与品位无关。但真正的辽菜则完全颠覆了这种既有的惯性认识，而赋予沈阳美食全新的概念。

辽菜的出现，奠定了一座城市的饮食版图，是舌尖上的美学呈现和乡愁记忆，带你领略辽菜烹饪的博大精深，进而探索一城一地的饮食文化渊源，尽享世间万物至尊带给我们的美味。

鹿鸣春饭店

辽菜的摇篮便是老字号——具有近百年历史的"鹿鸣春"饭店，入选国家级非物质文化遗产。

鹿鸣春的历史，前面已有描述，《诗经》中的《小雅·鹿鸣》篇为其增添了风雅气韵，1号包房里上演的一幕幕惊心动魄的故事使其具有红色特征。它位于沈阳南市场的繁华之地，在建店之初就是"三春、六楼、七十二饭店"之首，有"辽沈无双味，天下第一春"之美称，在当年那是沈阳顶流的存在。

在这里，重点介绍鹿鸣春的特色菜：豆腐宴、绣球燕窝、扒通天鱼翅、游龙戏凤、葱烧辽参、烤大虾、溜虾段、砂锅鼋鱼、铁锅烤蛋、扒三白等。听着这些菜名，里面主要食材是山珍海味，拿手菜燕、翅、鲍、参四大天王名扬天下，也成就了辽菜在饮食江湖上的地位与美誉。它有鲜咸味、香辣味、五香味、甜咸味、甜酸味、茄汁味、酸辣味等，风味独特、醇厚香浓，创造了良好的口碑。其中以葱烧辽参最负盛名，汤汁完全浸入海参，咸口香滑，伴着浓郁的葱香，比较合北方人的口味。溜虾段皮焦里嫩，虾肉细腻鲜香。当然还有九曲大肠，那是沈阳人独特的偏爱，看着品相一般，吃起来有着满口香的销魂之感。

推荐菜品：葱烧辽参、葱烧鹿蹄、九转大肠

地址：十一纬路40号

百富源海鲜辽菜馆

百富源海鲜辽菜馆，以传统的装饰形成古风古韵风格，纯木桌椅古典大方，纯白的桌面使人感到清爽洁净。海鲜辽菜馆主打白菜蚬头、牛油果蔬菜沙拉、古法炖有机鱼头、黑椒牛肉粒、熘虾段、石锅海胆豆腐、朝阳小米烩辽参等。

推荐菜品：鲍翅汤酸菜、朝阳小米烩辽参、渤海大虾段

地址：大什字街3号

在这儿有必要说一下辽参。辽参专指辽宁海参，是沈阳各大饭店的专有用参，它有严格的地域与水质要求，必须生长在旅顺口黄、渤海分界线内。它极耐严寒低温，且海水未被污染，生长发育极其缓慢，是海八珍之首，富含氨基酸，营养价值极高。其中最受到追捧的是红烧辽参和辽参小米粥，尤其黑的海参配上金黄的小米粥，是女性滋补的佳品，能在短时间内恢复元气，补血补气。

春祥辽菜馆

春祥辽菜馆位于皇姑区辽宁中医院南门的胡同里，有一个院子，有点儿大隐隐于市的意味，是辽菜非遗传承基地，辽菜的打卡地之一。这里的招牌菜有：黑豆腐，外酥里嫩，润滑细嫩；蛋黄焗大虾，颜色金黄，真材实料；清炖狮子头，肉嫩不硬，口感细腻；鲍鱼茄子，鱼与茄子的完美结合；溜肉段，传统手法，外酥里嫩；特色大花卷，外面烤得金黄，里面松软。

推荐菜品：蛋黄焗大虾、黑豆腐、锅包肉、熘三样、海参酸菜

地址：白龙江街60-3号（中医学院南门对面）

老边饺子馆

如果外地人来沈阳，最先想到的应该是老边饺子。

"老边饺子"至今已经有了一百八十多年的历史，据说是创始人边福当年从河北逃到沈阳，最先落脚在小津桥开始的。老边饺子从小津桥到北市场再到全沈阳城，开了多家店铺，可谓遍地开花，饺子馆也成了城市的一个标签。从清道光年间传入沈阳开始，老边饺子传承不断。位于中街的老边饺子馆可以说占尽天时地利人和，人气很旺，虽然装修中规中矩，但古朴大方，大抵也符合消费者的预期。就连当年侯宝林先生吃了之后，也对老边饺子赞不绝口，还亲笔题词："老边饺子，天下第一。"

老边饺子的诀窍在于馅与皮，馅是"煸"馅，即把馅煸炒一遍，去掉了油腻，这样调出的馅肥嫩香软且不腻人。再用鸡汤或骨汤慢煨，汤入馅中，使其膨胀、散落，水灵又鲜香，而且店家会根据季节变化与人们口味爱好，搭配应时蔬菜而不断变化。皮也有绝招儿，就是加入适量的猪油，开水烫面，这样和的面擀出的饺子皮柔软筋道透明，品相好看。

老边饺子可煮、可蒸、可煎、可炸，且馅料丰富。在这可以吃到最有沈阳特色的酸菜馅饺子，那也是地道沈阳人的最爱。蒸饺以肉汁和虾汁浸透的韭菜馅为最佳，三味合一，清香满口。还有冰花煎饺，状如冬天窗上的冰花，不仅赏心悦目，吃起来也是外脆里嫩。

推荐菜品：煸馅饺子、冰花饺子

地址：中街路208号（玫瑰大酒店对面）

李连贵熏肉大饼

李连贵熏肉大饼，也是非遗项目。清朝光绪年间，河北人李连贵闯关东，在充分研究东北人喜食烤、烙、熏的习惯后，不断地改进熟肉、大饼的制作工艺，并在中医的帮助下，在熏肉工艺中，添加十多味中药饮片，形成了熏肉大饼的操作规范。几张饼，一盘切片熏肉，饼从中间切开，夹进熏肉，再加上葱花和面酱。这是中国的三明治，也有点儿像西安的肉夹馍。饼的酥香、肉的熏香、酱的酱香、葱的清香，交织在一起，外加一碗汤，让食客吃得香气四溢、舒心舒坦。

推荐菜品：熏肉大饼、素烩汤、干豆腐卷

地址：中山路4甲1号

马家烧麦（卖）

马家烧麦（卖）已有两百多年的历史，是回民马春在老沈阳创建的。用开水烫面，大米粉做扑粉，牛肉馅的部位也是有讲究的，只能用腰窝儿、紫盖和三叉这三个部位。烧卖包出来简直像一朵朵花一般，美不胜收。烧卖皮晶亮、柔软、筋道，馅心松软，味道醇香。入口满满的肉香，再配上精心熬制的羊杂汤，汤中飘浮着星星点点的香菜末，食客会发出简直就是绝配的感慨。

推荐菜品：烧卖、羊杂汤、捞拌

推荐店地址：太原北街四路12号

西塔大冷面

这是沈阳首批三十六家老字号之一。关于冷面，前面在

《沈阳的面》那个章节里已有介绍。这家冷面店是自家压面，面色黄亮，筋道有嚼头，拌菜丰富，有拌墨斗、拌明太鱼、拌花菜、拌酱苏子叶、拌干豆腐。冷面一般分咸口和酸甜口，老年人都喜欢西塔大冷面那种咸口的，但比较淡，吃的时候要自己加料，比如酱油或辣椒，全凭个人的喜好加减。当然也有甜口的荞麦冷面。它的特点是比较亲民。尤其是盛夏时节，吃一碗大冷面，喝一瓶老雪，人会顿觉身心凉爽，暑热全消，快哉快哉。

推荐菜品：咸甜口大冷面、拌蚬子

地址：市府城大路31号（朝鲜族百货大楼对面）

老四季面条

老四季是沈阳人的本土面条，会勾起沈阳人对过去那个年代的回忆。不知不觉间，你会惊觉，老四季已经陪伴你走过了无数四季，满头青丝已经是银光闪闪。但老四季的味道是没有变的，依然以那一碗抻面，那一碗入心的汤，那软乎乎的鸡架抚慰着你的味蕾。不知从何时开始的，抻面配上鸡架再加上沈阳老雪成为老四季的标配，抻面里放一勺辣椒油，鸡架炜得香烂入味，老雪喝得过瘾，就是这个味，成为沈阳人魂牵梦绕的美食所在。

推荐菜品：抻面、鸡架

推荐连锁店之一地址：十三纬路（大西菜行车站附近）

张久礼烧鸡

这是沈阳人20世纪80年代的回忆之一，也是那个年代能想到的美味之一。当时吃烧鸡是一种奢侈，只有来人去客、逢年过节才能吃到。别说吃，只是闻着烧鸡的香味就已经陶醉不已了。那时都是骑着自行车去排队买烧鸡的，印象中也会挑一只小点儿的，偷偷地掰下一只鸡翅膀吃，吃完了还意犹未尽地吮吮手指，那种香真是香入骨髓的，至今回想起来，依然觉得那是世间最好吃的烧鸡。

推荐菜品：烧鸡

地址：东顺城路65栋，大东农贸市场

老山记海城馅饼大酒店

1946年，这家店从海城迁到沈阳，已经有七十多年的历史了。这是典型的大众消费，做的是良心馅饼。沈阳人信奉好吃不贵、超级实惠的理念，对海城馅饼一直保持着一贯的热情。当然也有高档菜品是以海参、大虾、干贝为馅的，就看你如何选择。海城馅饼以荤素搭配、皮面脆韧、馅心鲜嫩著称，它的蘸料也独具匠心，不仅有辣椒油、蒜泥，还有芥末糊，堪称一绝。

推荐菜品：青椒馅饼、锅包肉

地址：南五马路131号

宝发园名菜馆

要说老味道还得宝发园，所谓四绝为：熘腰花、熘肝尖、煎丸子、熘黄菜。1927年因张学良吃后赞不绝口，宝发园的四绝名菜不胫而走、名声大振。这四样菜以色、形、味、刀功、火候俱佳而走红，熘腰花爽脆可口，熘肝尖滑嫩润香，煎丸子外焦里嫩，广受人们称颂。

推荐菜品：熘腰花、熘肝尖、煎丸子、熘黄菜

地址：小什字街天源巷1号

那家老院子

那家老院子也是沈阳老字号餐饮品牌，现在发扬光大，可以说是遍地开花。它属于东北民俗土菜的范畴，辽菜示范店。在这里，吃的是地道的家常土菜，体验的是地道的东北民俗风情，满满的农家院氛围。一进门，便是一群穿红着绿、表情夸张的服务员，可着大嗓门招呼你、"轰炸"你，一口大铁锅摆在那儿，热气腾腾的香味儿弥漫开来，瞬间点燃你的食欲。一壶热豆浆温暖人心，一句大舅妈、三姨姥拉近距离，仿佛这里的人都是你的七大姑八大姨。室内的装饰更是民俗化，将沈阳那些事一件件、一桩桩地讲出来，很有穿越感。菜品当属大锅炖菜、水豆腐、手撕拆骨肉、黄金大饼子、盆盆大拌菜、荞麦驴肉蒸饺等，都是家常菜，却是热乎乎、火辣辣的感觉。尤其是他们的招牌菜，沈阳人也叫"硬菜"——小鸡炖蘑菇最有仪式感，两位身穿民国风服装的轿夫抬着这道菜，前面鸣锣开道，吹吹打打地抬到你的桌前，让你赚足了面子。在那家老院子，吃的也许不是饭，而是气氛，是怀旧。他们有一句这样的话：让厨师成为演员，让菜品自己说话。可以说，那家老院子把沈阳人的表演型人格推向了极致。

推荐菜品：小鸡炖蘑菇、自制豆腐、老式锅包肉、五彩大拉皮、老家嘎巴锅

地址：那家老院子众多，可以根据你的位置搜索离你最近的店

沈阳美食导览简约版

东北菜

1. 鲜渔鱻铁锅炖（怀远门店）

菜品：铁锅炖鮰鱼/三道鳞、溜达鸡、排骨、大笨鹅。特色凉菜有小葱拌鹅蛋、芥味扇贝肉、榄椒鲍鱼片、冷串双拼等。另有甜品桃胶银耳雪梨、椰汁杞果西米露、杨枝甘露等

不同于一般的铁锅炖，环境装修好，设计师精心布置，有绿植包房以及雅致小间。

2. 奉天小馆

菜品：奉天老式锅包肉、雪绵豆沙、小馆过年菜（杀猪菜）、杞果烧牛柳（水果的果酸让肉质更为嫩滑）

3. 家厨小馆

菜品：特色红烧肉（肉酥烂，肥瘦合适，入味下饭）、牛肉炖山药、炒笨鸡蛋

一定要提前预订的家常味道小馆。

4. 百富源·海鲜辽菜

菜品：大连鲍翅汤酸菜（招牌。鲍鱼、虾仁与酸菜的全新组合）、石锅海胆豆腐（获奖菜品海胆融入汤汁，豆腐变得不普通）、金奖大丸子（丸大、汤鲜，搭配娃娃菜）

海鲜为主打的东北菜馆。

5. 百福老丁头菜馆

菜品：香叶焗鸡脖（招牌。香脆可口，肉质细嫩厚实）、老式麻辣烫、孜然煎鳕鱼、丁福记极品肝、招牌锅包肉

6. 君悦·新奉天中餐厅

菜品：锅包肉（老式做法，酸甜可口，香脆在外，香嫩在内）、老北京果木烤鸭、蓝莓汁山药（山药类似凉糕，不是传统打成泥的，每一块上都有一个大蓝莓）、石锅土豆焖鲍鱼（汤汁浓郁，土豆吸收了汤汁中的精华）、脆烧绿茄子

五星级酒店里的东北菜馆。

7. 东北大院（国奥现代城）

菜品：老式锅包肉、地锅三道鳞（招牌，鱼肥肉嫩，酱香十足）、大院拉皮、雪绵豆沙

8. 鸿堂（嘉里城）

菜品：鸿堂饼（红糖饼，薄薄的饼皮中夹着红糖豆沙馅）、功夫鱼丸汤、秘制老式锅包肉、芝士黄金虾球、醋烹大黄花（招牌。颜色金黄，外酥内嫩，多汁）、油焖雷竹

笋、老奉天熏拌百叶

鸿宴风立，香溢满堂。环境高雅，有大家风范。

9. 七菜馆（五里河）

菜品：锅包肉、私房白菜煲、半肉段烧茄子、纸包羊肉（羊肉裹面炸）、一块豆腐（竟然把豆腐做出了肉的口感）

10. 王厚元饺子·烤鸭（青年大街）

菜品：雪绵豆沙、烤鸭、烧烤牛肉（烤后凉拌，微辣，牛肉瘦而不柴）、虾仁角瓜饺子、葱烧玛卡菌、松鼠鱼

湘菜

1. 隐厨·中国菜馆（万象城）

菜品：小米油渣土豆丝、生炒鲜黄牛肉、时尚肉汤泡饭、剁椒洞庭湖大鱼头、湘西腊味炒烟笋、富贵神仙鸡

2. 兰湘子（中街、太原街、铁西）

菜品：辣椒炒肉（招牌）、长沙臭豆腐、一品鲜虾豆花（虾肉紧实，豆花细嫩）、霉干菜炒莲藕、蔓越莓蒸糕（白米糕搭配蔓越莓）

3. 嗨家湘国民小炒（沈北）

菜品：家湘现炒小黄牛（到桌上现炒，不会很辣，牛肉很嫩，搭配芹菜清爽）、家湘肉汤泡饭、国民大碗臭豆腐、砂锅金汤豆腐（笋片、腊肉片、虾仁提鲜）

4. 菜小湘（太原街、浑南等）

菜品：当家辣椒炒肉、二代肉汤泡饭、擂辣椒茄子皮蛋（酱汁是灵魂）、干锅土豆片、仙芋蒸排骨（芋头软糯，带着微甜味道）

5. 湘汇概念铁板烧（浑南大奥莱）

菜品：黑椒牛排、铜锣烧、鹅肝鱼子蒸蛋、塌焖自然小土豆（外酥里嫩，搭配干调料）、蒜蓉开背虾

6. 湘爱（万象城）

菜品：柴火煎金蛋（招牌。外皮金黄香酥，内里嫩，微辣）、滋味小炒肉、小炒黄牛肉、藤椒豆筋（凉菜）、金牌双椒大鱼头、榴莲冰棍（招牌甜品）、糖蒜仔公鸡、糖油粑粑

7. 故里湘（嘉里城）

菜品：肉汤泡饭、农家小炒肉、一条有味道的鳜鱼（臭鳜鱼）、长沙臭豆腐、剁椒鱼头、茶油干锅大公鸡（鸡肉嫩而多汁，汤汁浓稠，盖上锅巴香脆）、酸辣鸡杂

川菜

1. 一品鱼悦烤鱼（长白）

菜品：青花椒烤鱼、蒜香凤爪、蒜香烤鱼、手撕口水鸡

2. 古韵南山小馆（南市）

菜品：锅边馍（一面香脆，一面软糯）、功夫麻椒鱼、

水煮黑鱼、眉州古法冒鸭血、豌豆尖

3. 椒爱水煮鱼川菜（市府）
菜品：水煮鱼、山城小酥肉、熬制酸梅汤、茴香小油条、炝莲白、青瓜拌桃仁、会上瘾的辣子鸡、甜蜜相思豆花

4. 胡桃里音乐酒馆（中街）
菜品：胡桃里烤鸡（招牌）、锅包肉、彩虹沙拉、虾兵蟹将、家味毛血旺、水煮鱼、小龙虾、钵钵鸡

5. 川人百味（太原街）
菜品：口水鸡、麻辣香锅、水煮黑鱼、川味鸡丝凉面、宫保鸡丁

6. 椒味太古里（新华广场）
菜品：椒味水煮鱼、炝莲白、鲜椒鸡（鸡肉跟青红辣椒一起炒制）、玉林街小酥肉

7. 红池塘（长白）
菜品：渣男麻辣烫（红油）、沸腾裸奔虾（虾去皮穿串过油）、美人椒烧猪手、简一酸菜鱼、红汤毛肚、芝士焗红薯、清脆笋丝、自贡馋嘴蛙、麻婆豆腐烧牡蛎

8. 糖水川菜（K11）
菜品：酸菜鱼、水煮鱼、水煮牛肉、清炒豌豆尖、辣子鸡、毛血旺

9. 先启半步颠小酒馆（太原街）

菜品：辣子鸡（招牌）、泰椒土豆丝、小炒汤圆、黯然销魂饭（辣辣的）、生爆牛肉（鲜辣江湖菜）

10. 知乐香辣蟹爬爬虾（太原街）

菜品：香辣皮皮虾、香辣蟹、避风塘炒蟹、椒盐皮皮虾

江浙菜

1. 枕水山房（长白万象汇）

菜品：金陵鸭血粉丝汤、苏式红烧肉（上海本帮红烧肉，软糯香甜，入口即化，回味无穷）、金蒜秋葵爆口蘑（咸甜口味，口蘑爆汁）、新徽州臭鱼、香草雪山西多士（甜品）、亚麻籽脆皮鸡（外皮焦脆麻香、内里鸡肉软烂鲜香、蘸上秘制酱料）、开洋葱油拌面、蛋黄焗凤尾虾

闲情雅致游园中，只探淮扬鲜几重。枕水起于淮扬，品味源于山房。餐厅内的山水、房屋、瓦片用现代装饰表现手法展现。镜瓦钢的屋顶，通透的琉璃瓦围墙，山水、竹林、树林、雾化渐变的工艺玻璃，让食客感受山水庭院。

2. 杭小点·点心葱油面（铁西万象汇）

菜品：漏奶华、开洋葱油面（招牌）、芝麻脆皮鸡、油泼虾肉大馄饨（油泼酱汁酸酸辣辣）、鲜肉生煎、鸭血粉丝汤、椒盐豆腐、荔枝虾球（外皮酥脆，芝士浓香）、蟹黄豆腐花

3. 枕水江南（铁西万象汇、兴工街、沈北、浑南）

菜品：本帮红烧肉、金蒜秋葵爆口蘑、金陵鸭血粉丝、新徽州臭鱼、九层塔咖喱虾、海派生卤虾

4. 蠔友汇（铁西云峰街）

菜品：蒜蓉炭烤生蚝（招牌）、海派生卤虾、新徽州臭鱼、上海本帮红烧肉、马家沟芹菜拌豆皮、土蚝金（生蚝小米粥，超级鲜美）、瓦罐神仙鸡

5. 博多江浙饭庄（和平八经街）

菜品：无锡酱排骨（微甜，浓油赤酱，排骨软嫩脱骨）、脆鳞鲜鲈鱼（鱼鳞的脆与鱼肉的鲜嫩相融合）、茭白肉丝、乌镇虾段（虾去皮）、花雕酒、西湖莼菜羹、酱焖春笋（清淡鲜嫩，汤汁鲜美）

6. 富雅菜馆（皇姑）

菜品：安徽臭鱼、杭州酱鸭、江南小炒菜花、脆鳞鲈鱼、筒骨萝卜煲、上海本帮肉、鹅肝酱油炒饭

7. 江南小厨（铁西云峰街）

菜品：浇汁小炒肉（现炒小梅肉，肉炸得很嫩，口味微甜）、白灼西生菜、江南臭鱼、小厨凉皮、绍兴白切鸡、葱油墨斗、生卤虾、本帮红烧肉、杭茄鲜贝（凉菜）

8. 江南味道酒楼（和平）

菜品：上海油焖笋（甜口，春笋很嫩，酱味足）、黄山

臭鳜鱼、杭州老鸭煲、外婆红烧肉、上海白切鸡、西湖醋鱼、龙井虾仁、上海四喜烤麸、蟹粉狮子头、清炒鸡毛菜、桂花糯米藕、上海煎馄饨、东坡肉、糖醋小排

粤菜

1. 汤城荬里（和平南市场）

菜品：海皇一品煲（招牌。汤汁浓厚，鲍鱼、鱼胶、鸡爪软嫩）、玻璃乳鸽（外皮酥脆，肉嫩多汁）、黑松露手打鱼付（鱼汤鲜美浓厚，鱼丸绵密细嫩爽滑）、玻璃核桃（开胃甜品）、沙爹脆皮鸡、脆皮红米肠粉（红色米肠中间裹着一层脆脆的酥皮，里面是满满的整颗虾仁）、红烧安格斯牛肋（红烧口味，肉质细嫩）、虾子茭白（爽脆可口）、三杯银鳕鱼（鳕鱼外面裹了一层面糊炸过，外焦里嫩）

2. 炆艺乳鸽·煲仔饭大排档（和平）

菜品：石岐黄皮小乳鸽（招牌。外皮酥脆，肉质软嫩汁水饱满）、经典煲仔饭（米粒颗颗分明且饱满，锅巴与腊肠、金丝米相融合）、啫鲜牛肉（啫啫煲，大片牛肉，口感弹嫩）、白灼供港菜心（据说菜是空运过来的）、自制黑椒肠、煎蚝仔烙、啫土猪肥肠（肥肠糯而不腻，油脂已经浸入汤汁里，土锅里配菜有熟蒜、生姜）

3. 鹿桃·粤小馆（文安路）

菜品：越式牛仔粒（肉质细嫩，黑胡椒味浓郁，一口下去爆汁）、玻璃皮润烧乳鸽皇、脆竹笋拌兰花蚌（藤椒加麻油，青笋爽脆，兰花蚌鲜脆）、香煎芦竹笋楠肉卷（竹笋外

裹了一层肉卷煎制）、白灼生菜胆（生菜只选取最内侧一小根菜心）、雪花和牛挞（最上面有一层芝士搭配，和牛入口即化）

4. 潮粥记海鲜砂锅粥（南市场、奉天街）

菜品：一品鲜虾砂锅粥、水晶虾饺、极品虾蟹粥、豉汁蒸凤爪、一口酥豆腐、招牌流沙包、鲜虾肠粉

5. 明记大潮汕（青年公园）

菜品：潮汕猪脚饭（小肘子切片，肉质软糯，酱汁鲜甜）、虾仁鸡蛋肠粉、牛肉鸡蛋肠粉、虾饺皇、牛肉丸汤、肥肠饭、牛肉粥

6. 大树餐厅（大悦城、铁西万象汇）

菜品：咖喱面包鸡、厚多士、椒盐小豆腐、正山小种奶茶、干炒牛河、大树白芥虾（已去皮的虾球外面裹着芥末和沙拉）、雪方椰奶冻

7. 隐庐·喰飨（文安路）

菜品：金栗煎虾饼（外焦里嫩，一口下去都是虾腰）、野菜菊花包（干豆腐做皮，野菜做馅料，点缀着菌菇酱）、文火香烧牛肋肉、椰奶香芋南瓜煲、藤椒去骨猪蹄、鸡汤干贝竹笋汤、招牌手撕龙虾仔、蒜香煎银鳕鱼

8. 万福记·粤点·海鲜粥（文安路）

菜品：万福四季虾饺皇、游水鲍鱼滑鸡粥（鸡肉嫩滑，

米入口即化，鲍鱼现场捞出制作）、田掌柜菠萝包（脆皮还撒了一点儿白糖，面包松软，中间夹了菠萝奶酥和果粒）、龙腾泰椒脆萝卜（喝粥伴侣，酸甜爽脆）

9. 蜜蜂家·客家蜂味菜馆（文体店）

菜品：蜂蜜厚多士、蜜蜂家特制排骨（排骨软糯，甜口，肥瘦均匀，下面有糯糯的土豆泥）、冰仔三杯鸡、蜜蜂家蜜汁烤翅（烤翅偏甜口）、喳喳罗马生菜、干炒牛河、黯然销魂饭

10. WISH梧桐（万象城）

菜品：松露米鸭米（鸭皮色泽油润、口感软嫩）、宫保脆皮大虾、fusion水煮鱼（藤椒味道，汤底是菌汤和鱼汤混合，鲈鱼鲜嫩）、梧桐风味煎羊外肩、松露鲍鱼焖鸡

徽菜

1. 杨记兴·徽菜小馆（大悦城）

菜品：招牌红烧臭鳜鱼（肉质鲜嫩，醇滑爽口，保持了鳜鱼的本味原汁）、笋干烧肉（笋干搭配红烧肉）、新胡适一品锅（既有肉、蛋、豆制品，还有蔬菜、菌类，味道香浓）、大别山野笋

2. 小徽州（浑南）

菜品：胡适一品锅、臭鳜鱼、问政山笋红烧肉、呈坎毛豆腐、蟹钳肉芙蓉虾双拼、徽式腌笃鲜

3. 梅林居（大东八王寺）

菜品：黑胡椒牛肉、干锅鲽鱼头、蜜汁黑椒肉、姥家小锅豆腐、特色臭鱼、姥家韭香碟鱼片（龙利鱼，酸甜口，带有韭菜香味）

辽菜

1. 鹿鸣春

菜品：锦涛煎转大黄鱼、鹿鸣烧牛肉、松鼠鳜鱼、干烧晶鱼、葱烧筋、御点澄沙包、九转大肠

2. 勺园饭店（大东骨科医院、文安路、浑南富民街）

菜品：老式锅包肉、熘肝尖、松鼠鳜鱼、焦熘肉段、干炸丸子、九转大肠、勺园茄子（茄子搭配肉丝和鸡蛋丝）、香酥鸡

西北民间菜

1. 西贝莜面村（皇寺、中兴、万象汇）

菜品：黄米凉糕（冰凉沁心，软糯香甜，搭配桂花汁，一口下去三层口感）、浇汁莜面（莜面搭配西红柿浇头）、烤羊排、酸汤莜面鱼鱼、功夫鱼、小锅牛肉、奶酪包

2. 傻子张大盘鸡（理工大学）

菜品：大盘鸡（分为麻辣、香辣、特辣）、日本豆腐、苦瓜煎蛋、锅包肉

3. 西域来客・中国新疆（中医药大学）

菜品：新疆大盘鸡、红柳大串、手工酸奶、黄油酥皮烤牛肉包子（外皮酥脆，有浓浓黄油香气，内馅肉质软嫩）、坚果手抓饭（胡萝卜、黄萝卜、羊肉与米饭相结合）、西域馕包肉

云南菜

蘭雲閣云南饭店（皇姑昆山中路）

菜品：自烤包浆豆腐（外焦里嫩，搭配蘸水和辣椒面）、云南乳扇、官渡小锅米线（米线里有大颗肉酱丁）、建水汽锅鸡、素烹豌豆尖、大理酸木瓜鱼、瑞丽酸笋鱼、宣威火腿洋芋饭

闽菜

八闽印象・闽南小镇（铁西兴工）

菜品：泉州马蹄卷（类似厦门炸五香口感，咸香口感，马蹄搭配鲜肉，蘸甜辣酱）、厦门海蛎煎、沙茶面、小镇怪鱼（与安徽臭鱼味道相似，鱼肉紧实）、厦门炒米线、灌口姜母鸭、厦门仙景芋头、泉州醋肉（小酥肉口感，但是酸酸的味道）

韩餐

1. 味家烤肉烤鳗鱼牛排（西塔）

菜品：滋补活鳗鱼、蒜香排骨肉、冷面、秘制梅花肉、肋条、味家坛子肉

2. 百济泥炉烤肉（西塔）

菜品：活烤鳗鱼、老式肥牛、传统酸甜冷面、芝士玉米、拌花菜、梅花肉、炸年糕

3. 草家真味酱蟹专门店（西塔）

菜品：月梅酱辣蟹（招牌。生食爱好者必点。可以直接吃蟹膏，也可以用蟹黄拌饭，还可以将拌饭用海苔包起来吃，也可以用蟹酱拌饭）、草家酱油蟹黑松露口蘑、草家特色肋条、秘制牛小排、韩式芝士辣鸡爪

4. 枣玛露脊骨汤（西塔）

菜品：脊骨土豆火锅（脊骨汤，骨头酥烂入味，土豆绵软香甜）、烤肉类、铁板牛小肠、米露、韩式炒杂菜（各种蔬菜与粉条的结合）

5. 万寿参鸡汤（西塔）

菜品：参鸡汤（肉质细嫩鲜美入口即化）、海鲜饼、煎豆腐、铁板煎牛肉、辣白菜炒五花肉、干辣椒炒牛肉、牛尾汤、土豆饼

6. 猪蹄名家（西塔）

菜品：宝膳（不油腻，用生苏子叶包起来吃）、酱汤、荞麦拌面、泡菜饼

日料

1. 三十三の城（浑南）

菜品：和牛套餐（和牛多种吃法：寿喜烧和牛、海盐和牛、炭烧和牛、和牛芝士卷、和牛烧肉沙拉、和牛蒸饭等）、刺身拼盘、慢煮和牛刺身、毛蟹五吃、雪蟹六吃

2. 河风の幸会精致料理（和平太原街）

菜品：寿司、三文鱼刺身、带头甜虾、串烧拼盘、牛肉寿喜锅

3. 二丁目食堂（铁西万象汇）

菜品：豪华三层牛肉饭、寿喜锅、日式蒜香鸡块（鸡块外酥里嫩，汁水丰富，搭配土豆泥酱汁）、刺身、澳洲顶级铺天盖地火牛寿司（火枪现烤）、和风土豆泥（丰富沙拉酱，搭配薯片碎）

特色私房菜

1. 倾酒小酒馆（和平南市）

一间院落，两盏清酒，几位小菜，佳人话谈。一定要提前预订的融合菜小酒馆。处于一个小巷子里的独立院落，里面别有洞天。

菜品：紫苏牛肉卷（紫苏包裹牛肉，油炸而不腻，搭配小青橘，提升菜品鲜度）、轻煎芦笋（芦笋清淡，下面是土豆泥，相得益彰）、西式牛肝菌拌饭、慢炖味增牛舌（牛舌入口即化，里面的萝卜和青笋入味）、黑松露南瓜酱薄饼

（内馅是南瓜，饼上淋的芝麻酱）、杧果咖喱鸡、山葵牛肋肉（牛肋肉搭配口蘑，佐之少许山葵酱）

2. 幸荟饭堂（和平）

菜品：金枪鱼焗法式面包（绵密厚实的金枪鱼搭配香脆面包）、甜不腻照烧牛肋（肉嫩，配色摆盘惊艳）、荤香薄底比萨、西班牙橄榄油煎海虾（去皮大虾）、菠萝香草烤鸡、菠萝鹅肝

3. 青梅酒肆（中街、铁西红梅、长白）

菜品：陶罐焖澳牛、蛋黄焗鸡翅（金黄脆皮满满包裹了蛋黄）、荔味宫保虾、苔藓鸡𭎾菌（香脆，有海苔香味，造型摆盘有意思，蘸料清香）、蜜桃果酿、百香果酒酿锅包肉、陈皮话梅小排

4. 福楼·深巷里1906（和平）

菜品：黑松露焗和牛、胶原蛋白桃胶松茸汤、干烧大黄花鱼、青芥虾丸子、秋葵杏鲍菇、福楼锅包肉、清蒸东星斑、葱烧大连鲍

西餐

1. One Full B&C（和平南市场）

菜品：澳洲安格斯牛柳、惠灵顿牛排、黑松露·香煎鹅肝·森林菌菇汤、提拉米苏、法国吉娜朵特级0号生蚝、蒜香·意式茄汁烩海鲜、铁条扒岛国纯血和牛牛舌

2. Ruski老俄俄罗斯餐厅（和平十一纬路）

菜品：牛肉串、罗宋汤、香肠拼盘（香肠爆汁，搭配番茄酱和黄芥末酱）、芝士烤饼、瓦罐牛肉（牛肉搭配胡萝卜、土豆，汤汁酸甜）、橄榄油煎口蘑、俄罗斯土豆沙拉（奶油混合土豆味道）、蒜香黄油饼、酸黄瓜

3. Leo pizza（浑南河畔新城）

菜品：烤牛臀肉比萨、多汁勺子炸鸡、沙拉嘿呦（蔬菜搭配无花果、牛油果）、肉酱意面

4. 爱意牛排（铁西万象汇、大悦城）

菜品：金枪鱼玉米粒配烤面包、榴莲比萨、西冷牛排、橄榄油煎口蘑、菲力牛排、焗薯角

5. 可乐大叔私人厨房（东中街）

菜品：经典芝士牛肉堡、手工粗薯、菠萝培根堡

6. Amore Paella 西班牙海鲜饭（市府恒隆）

菜品：西班牙海鲜饭（海鲜味道混合着米饭香气，米饭上包裹着浓浓的酱汁和海鲜汁水）、西班牙蒜香油爆虾、tapas、轻煎西兰苔

7. 三秋舍·梦幻岛（市府）

菜品：主厨肉酱派大星比萨（薄饼底，边缘烤得酥脆，中心香软，造型别致口味独特）、朗姆酒烤榴莲、烟熏三文鱼牛油果饭、森林莓果果昔、黑松露葱油拌面

东南亚菜

1. 米娅泰式小厨（皇姑三台子）

菜品：咖喱虾、猪脚饭、炸酥梅（梅肉腌渍入味）、冬阴功汤、咖喱牛肉、咖喱海鲜饭、菠萝炒饭、香兰叶包鸡、泰式河粉

2. 南洋餐室（青年大街）

菜品：菠萝炒饭（米粒金黄颗颗分明，香甜爽口，上面覆盖着一层肉松）、咖喱面包鸡、冬阴功汤、柠檬鲈鱼、咖喱虾、干捞生菜、鱼露鸡翅

3. 薇马克西餐（奉天街 印度菜）

菜品：鸡肉煎饼（薄饼夹着鸡肉，芝士味浓郁）、特制黄油鸡、黄油馕饼、印度帕帕尼、印度拉茶、咖喱蔬菜角、鸡肉抓饭、绿咖喱羊肉饭

4. 爱在河内（中街恒隆）

菜品：手卷鲜虾卷（外皮晶莹有嚼劲，内包一颗大虾和蔬菜）、河内炸鸡、火车头思念河粉、青木瓜沙律、咖喱牛肉、香茅猪排（鲜嫩多汁，搭配甜辣酱）、牙车快鸡丝沙律、百香果焗蜗牛

中东菜

中东欧麦尔阿拉伯美食（青年大街）

菜品：鸡肉卷、牛肉派、阿拉伯红茶、奶酪沙瓦玛羊肉

（香浓奶酪，烤薄饼内卷着大块鲜嫩羊肉）、米米奶（口感软糯，奶味浓郁）、中东乱炖（汤以番茄为主）、牛肝三明治、鹰嘴豆沙拉

精品小店

1. 春艳砂锅居（铁西兴华公园）
菜品：砂锅牛筋面（玉米面）、炸香肠、鸡排

2. 麦香铁锅焖面（铁西广场）
菜品：招牌排骨焖面、经典红焖肉焖面、鲜牛肉焖面

3. 余丞记川渝面馆（云峰）
菜品：风味炸鸡架、菌香臊子面、椒麻牛肉汤面、口水鸡、豌杂面

4. 煌岛刀切面（西塔）
菜品：蚬子面（地道朝鲜族味道，蚬子入汤，鲜美清淡）、炸猪排、酱肉

5. 金多咖喱（北二路）
菜品：炸猪排咖喱饭、欧姆蛋芝士咖喱、培根芝士可乐饼、土豆沙拉

6. 老四季
菜品：鸡汤抻面、煮鸡架

7. 老味道汤包（启工）

菜品：灌汤包、锅包肉、腊八蒜炒肝、酥淋黄花鱼、白灼三样

8. 谭海烧腊（文安路）

菜品：蜜汁叉烧肉、卤水豆腐、脆皮烤鸭、深井烧鹅、清远白切鸡、澳门烧腩肉、卤水金钱肚

9. 群乐饭店（铁西广场）

菜品：肉末茄子、辣炒鸡架、锅包肉、红烧日本豆腐

10. 四菜一绝（和平砂山）

菜品：锅包肉、脆皮里脊、干烧鲤鱼、杀猪菜

传统街区和商场

太原街

中街

北行

万象城

万象汇长白

万象汇铁西广场

中街大悦城

北一路万达

太原街万达

浑南万达

铁西沈辽路万达

周边区域

新民

百福老丁头菜馆（站前大街店）

菜品：香叶焗鸡脖、麻辣烫、三鲜盖浇茄子、特色锡纸血肠、老式锅包肉、杀猪菜

新民血肠小饭馆

菜品：传统血肠、荞面血肠、干锅肥肠、酱缸咸菜、糯米血肠、小葱炒鹅蛋

辽中

冬梅酱菜骨头馆

菜品：酱骨头、酱大骨、酱排骨

巴适成都市井老火锅

菜品：奶茶冰粉、特色鸳鸯锅、现炸四处酥肉、鸭血、精品肥牛、红糖糍粑、乳山生蚝

大金鼎火锅城（生态园）

菜品：铜火锅、酸菜、鲜虾滑、手切羊腿肉、自卷鲜羊肉、带皮五花肉

法库

齐师傅过桥米线（东湖店）

老厨坊传统菜馆

菜品：茄盒、锅包肉、糖饼、熘肥肠、酸菜血肠、熏酱拼盘

康平
老太太四季油炸
菜品：鸡排、辣酱、康平特色驴排

韩吉家家庭炭火烤肉
菜品：秘制牛肉、拌花菜、冷面、烤全羊

于老丫铁锅炖
菜品：铁锅炖鱼、铁锅炖鸡、大饼子、自制手工皮冻

大锅驴肉香
大块驴肉、驴肉蒸饺、驴肉蒸饺（有白面和荞麦面几种）、板肠、驴肉、驴肚